U0275875

总　主　编　赵超　行龙

执行总主编　骆玉安

本　卷　主　编　余扶危

本卷执行主编　王云红

河南卷　四

黄河流域水利碑刻集成

上海交通大学出版社
SHANGHAI JIAO TONG UNIVERSITY PRESS

清（三）

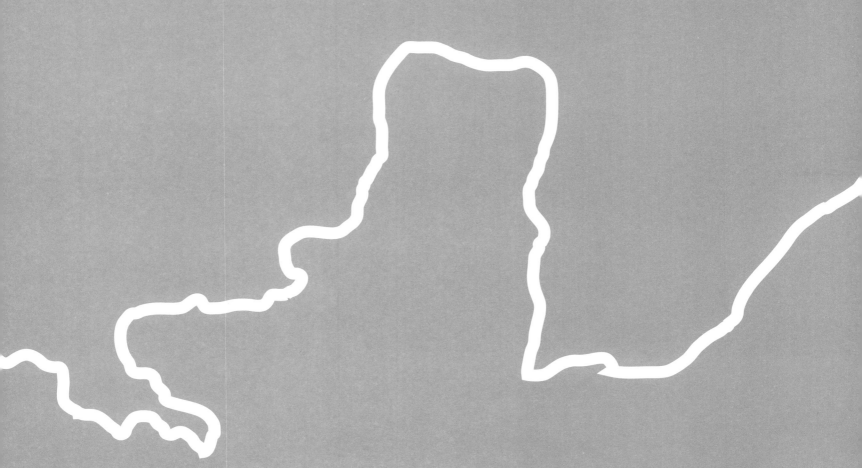

369. 硯凹水村村規民約碑記

立石年代：清道光元年（1821 年）
原石尺寸：高 39 厘米，寬 74 厘米
石存地點：安陽市林州市東崗鎮硯花水村土地廟

嘗讀□家導漾東匯澤爲□蚤，随地得名，故安□耳。林邑北五鄉離城七十里許，背水臨山，胡□□硯凹水村，意以□水維艰，順□澮之流，鑿池停蓄，以資湖口，因名爲硯凹水村。循名核實，亦猶是乎。斯水也，生於天，既不同浩瀚之江湖，取之而不禁，来自天上，詎等於汪洋之河海，用之而不竭。恐其□費，不禁防維，所以前輩鑿池以来，□□規無有……而風規將壞，先甲三日，後甲三日……慨然興起，不忍坐視，會衆商議……等事勒石碑銘，永垂不朽。余□□耕于此，□□□文，俱俗數句，以致識者之一哂云尔。

儒童刘西南撰文。

凡渾水池至西崖平□匝道平，修房盖屋，潑楮墮底流水，自三月初一日至十月初一日以内，路壕堆糞，捷［截］水澆園，去外村買楮雙□搶水者，一切不許。如有犯一件者，罰大錢伍百文。至於盗砍樹木，放火燒山，偷盗楮條、綿花、柿菓，毁壞田苗，白日犯者，罰大錢一千文，黑夜犯者，罰大錢二千文。留外来之人燒炭者，罰大錢一千文。凡所罰錢文，見者得錢一半，入社一半。如有徇情瀆法者，一例同罰。凡吾社人等倘半途而廢者，罰大錢一千文。倘有抗拒不服者，送官究治。凡花費錢文，各有□□。爲田苗花錢，以糧銀攢錢。爲楮花錢，以楮攢錢。爲清水池花錢，□人□□。

管事：崔成福、高成旺、王□才、王□太、楊聚旺、王廷高、高□山、趙得山、趙□□、崔成才，合社公議。

安邑李樹滋書丹，石工王兆玉刻。

大清道光元年貳月二十日立。

清（三）

370. 重修龍王五神聖像碑記

立石年代：清道光元年（1821 年）
原石尺寸：高 158 厘米，寬 61 厘米
石存地點：焦作市博愛縣寨豁鄉大底村龍王五神廟

〔碑額〕：碑記

　　大寨底村正南嶺上舊有護國龍匡王廟一座，四方百里外祈禱雨澤者，恒于此致香火焉。香火錢積聚若干數，衆社長將欲本廟重修殿宇、金裝神像外，相定村北山神廟大殿近西地基創建坐北向南房三間、門一、廡二，爲社事避風雨計也。仰余數人董成其事，余數人堅辭不敢領。社中人間或有動余數人以神靈報應之説。余數人竊謂，人生日用彝倫之中，老老幼幼之事，畢生爲之而不能盡，安敢輕此重彼，失于昭昭，求之冥冥也哉？既而衆社長再三仰及，辭不得已。又遲緩數年，積聚有漸，自嘉慶二十五年二月初八日乃敢開工，至九月十五日落成。塗墍丹艧有其次，而護國龍匡王神像廟貌重新之功適已告竣，因記以示警云。并施捨錢兩人姓名及錢兩數目花費清單俱詳開于左。

　　晚塗述夫蕭左渠代爲文并書丹。

　　三元社施銀二兩一錢二分，共錢糧一百零八千三百文。

　　葛永綿錢四百文，葛永文錢七千七百文，王朝軒錢五千六百文，葛永廣錢五千五百文，葛育溫錢五千四百文，賈起堂錢四千五百文，葛永敬錢四千五百文，賈起平錢二千四百文，葛永祥錢二千二百文，葛懷軒錢一千八百文，林子明錢一千七百文，林公全錢一千六百文、施地基二尺，母兆得錢一千七百文，賈懷亮錢一千六百文，葛永謹錢一千七百文，葛育存錢一千一百文，葛永喜錢一千四百文，葛永奇錢一千五百文，葛玉欽錢一千四百文，葛宗高錢一千四百文，葛玉宝錢一千四百文，葛永浩錢一千四百文，葛育成錢一千六百文，王懷侯錢一千六百文，賈起秀錢一千四百文，葛育順錢一千三百文，林子興錢一千一百文，賈懷海錢一千二百文，王廷禄錢一千二百文，葛育明錢一千三百文，葛育忠錢一千一百文，王懷士錢一千六百文，葛永金錢一千四百文，葛永盛錢一千一百文，葛果金錢一千二百文，葛育善錢九百文，賈懷仁錢一千文，王守仁錢一千一百文，賈玉还錢九百文，賈懷臣錢一千一百文，賈玉保錢九百文，賈宝金錢一千文，葛育載錢一千文，王懷成錢一千一百文，葛玉良錢九百文，葛玉旺錢一千文，王懷清錢八百文，葛育聚錢一千文，王懷明錢一千文，葛玉根錢九百文，葛育功錢九百文，王懷學錢一千文，王懷珠錢一千文，葛永方錢七百文，葛果智錢五百文，王懷法錢七百文，葛永直錢六百文，葛育雷錢五百文，葛育仁錢五百文，葛永田錢四百文，王守知錢五百文，王懷順錢四百文，林貴全錢五百文，王朝孝錢二百文，賈懷君錢五百文，王朝善錢四百文，母兆雷錢二百文、西口溝荒上下二處、左送河地一處，王懷月錢一百文，王懷昇錢二百文。

　　雜化使錢二十四千五百四十文，買木石磚瓦使錢三十五千一百七十文，画匠使錢十三千八百文，大小木使錢十三千零二十文，石工使錢二十千零一百二十文，共使錢一百零五千六百五十文。

　　石工：賀永德、楊成順、孔言誠三人同刻石。

　　會末：葛永文、賈起堂、王朝軒、葛永敬、葛永廣、葛玉溫六人同立石。

　　時大清道光元年三月十二日。

371. 古城村周城渠爭訟具結碑文

立石年代：清道光元年（1821年）
原石尺寸：高158厘米，寬58厘米
石存地點：洛陽市伊川縣平等鄉古城村

〔碑額〕：永垂不朽

古城村周城渠，於嘉慶二十二年奉府憲僖大老委員張公、本縣王公會同斷曰：查勘得王浩等，住居王莊村旁，有□子溝渠一道，係在上游紫荊山泉水流至婁子溝入渠，渠旁築有石堰，即在婁子溝之中。石堰之上，築有土堰，高止尺餘，所蓄之水，寬一二尺不等，深不過數寸。靠北水入王浩渠，渠內由石堰而下則流至下游古城村王朝輔等渠內。從前涉訟，奉前府憲齊大□斷令上下公用，勿許增堰截水。後又各前任上案□斷。十年五月，因王浩等私築土堰，前往查勘，以渠身淤高，各令其挑深，工費稍大，是以從權，將土堰挑闊尺餘，并於水中以亂石堆成攔水堰，上下分水。今復勘堰口及攔水石堰，已從無形迹。訊據王浩等供稱，係山水沖去，不記年月日。所供殊不可信，姑弗深究，令各照舊。核斷：土堰挖開築起，傾刻可成，一遇水稍缺，□保王浩等不萌故智，復堵口截水，致起爭端。會同熟籌水令公用，王浩等上游，王朝輔下游，按三日一輪。王浩等用水之日，即將土堰堵住，水盡歸渠；王朝輔等用水之日，則將上堰挖開，水盡下流。勿許私築堵截。如有截水、私開等情，着該村首屈大富，指名禀究。如屈大富徇情不禀，查出並處，着取各結。

核詳出錢人姓名開後，存地冊一本，存碑文二張。

（以下題名漫漶不清，略而不錄）

大清道光元年歲次辛巳三月壬辰谷旦。

重修龍神廟記

龍之為靈昭昭也變化莫測小大殊形小則似蜈蚣大則為神龍靈氣成雲吐霧成雨龍
之功德偉矣哉林邑西北隅任鎮南名曰南荒村者舊有
龍神廟三楹歷年深遠廟貌傾頹有本村善士張君諱浩公諱希儒監元諱學彥又有劉君諱
大中者共興善念均欲重修由是善心所鼓各捐賞財奈功程浩大寡力難成又派
緣數十人募化四方家徵始於嘉慶二十三年春月人眾心齊不數旬而正廟拜
殿煥然更新增修馬廊一座社用眂不謂盛眆而學廢興
逝嗚呼天之報施善人何如哉其子孫繼父親之意復興善後雖歲弗傳者非耶造功成之日遼
予訓蒙於茲因囑予
予孫陋寡聞何能文不過畧其無詞勒諸碑石聊以表眾善士之心於不沒云尔

虎峰岳鳳臺敬序並書

大清·道光元年暮春之月 吉旦

372-1. 重修龍神廟記（碑陽）

立石年代：清道光元年（1821 年）
原石尺寸：高 166 厘米，寬 66 厘米
石存地點：安陽市林州市任村鎮南豐村龍王廟

重修龍神廟庙記

龍之爲灵昭昭也，變化莫測，小大殊形。小則似蚕蠋，大則爲神龍，嘘氣成雲，吐霧成雨，龍之功德偉矣哉！林邑西北隅任鎮南名曰南荒村者，舊有龍神庙三楹，歷年深遠，庙貌傾頹。有本村善士張君諱法公、諱希儒、監元諱學彦，又有刘君諱大中者，共興善念，均欲重修。由是善心所鼓，各捐資財。奈功程浩大，寡力難成，又派女化緣，數十人募化四方，衰多益寡。經始於嘉慶二十三年春月，人衆心齊，不数旬而正庙、拜殿煥然更新。增修馬廄一座，以便社用，可不謂盛舉乎？惜功未落成，而學彦、大中二君即逝。嗚呼！天之報施善人何如哉！其子纘父親之意，復與數君同心共濟，克篤前猷。所謂莫爲之前，雖美弗彰，莫爲之後，雖盛弗傳者非耶。追功成之日，適予訓蒙於兹，因囑予爲文。予孤陋寡聞，何能文？不過略具蕪詞，勒諸碑石，聊以表衆善士之心於不没云尔。

虎峰居士岳鳳臺敬序并書。

社首：张法公錢一千，张希儒錢一千，张錦堂錢一千，刘青云錢一千。買辦：刘太周錢六百，张太公錢七百五，张希孟錢七百五。收掌：刘聚謨錢四百，张士傑錢七百五，张法同錢六百。攢首：张希付錢二百，张希才錢三百，張大成錢四百，張保文錢二百，張奉富錢五百，张大行錢二百，刘士倉錢二百，刘士友錢二百。會首：张學显錢一百，刘太祥錢一百，张大荣錢一百，张大全錢一百五，张大录錢一百。

大清道光元年暮春之月吉旦。

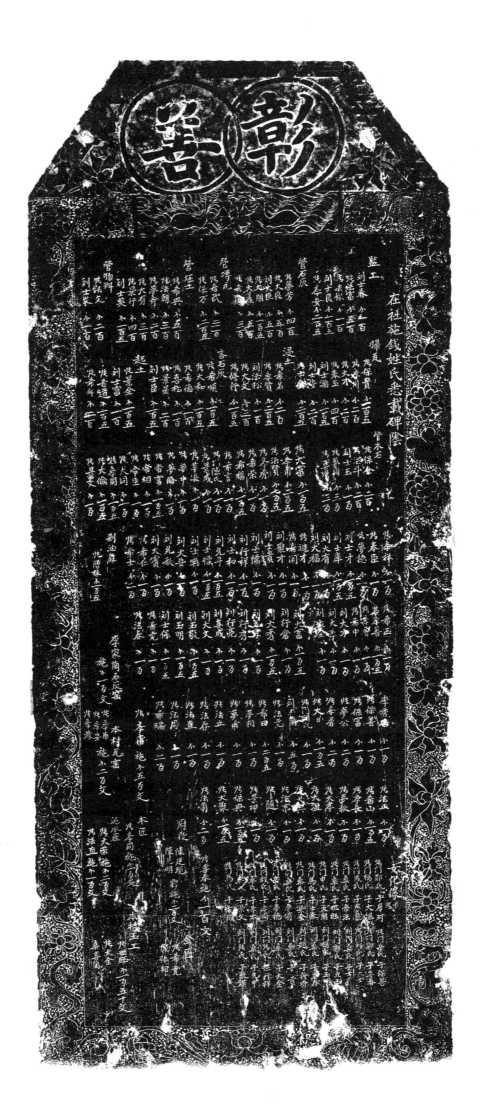

372-2. 重修龍神廟記（碑陰）

立石年代：清道光元年（1821 年）
原石尺寸：高 166 厘米，寬 66 厘米
石存地點：安陽市林州市任村鎮南豐村龍王廟

〔碑額〕：彰善

在社施錢姓氏悉載碑陰。

監工：刘士春錢一百，张法富錢五百，张法保錢一百，刘士良錢一百五，张學安錢二百五。管石灰：张夢芳錢四百，张大良錢五百，刘大臣錢五百，张大朋錢一百五，张大義錢五百，张希口錢三百。管磚瓦：张希武錢三百，张保万千二百五。管坯土：张希興錢五百，张法朝錢三百，张夢奇錢二百，张大有前三百，张景行錢四百，刘士英錢一百五。管物料：张法文錢二百，刘士文錢一百。掃瓦：张保貴錢一百五，张學川錢二百，张大才錢二百，张奉玉錢四百，刘士滿錢一百五，刘士安錢二百，张士全錢二百五。浸土：张希名錢二百，张學賢錢二百五，刘法松錢一百，张大文錢三百，张修行錢一百五。沓石灰：张希順錢一百五，张大和錢一百五，张希德錢一百，张喜松錢一百，张景星錢二百，刘士臣錢一百五。起土：张景全錢一百五，刘士富錢一百，张希道錢一百五，张希印錢二百。管木石：张保全錢二百，张法斗錢二百，刘士玉錢一百，张夢周錢三百，张喜增錢三百。

张大富錢一百五，张學甫錢二百五，张法賢錢七百五，张學秀錢一百，张希榮錢一百，张希福錢一百五，张希言錢一百，张門陳氏錢一百，张景成錢一百，张夢長錢一百，张夢中錢一百，张夢倫錢一百，张帝富錢一百五，张帝相錢一百，张帝臣錢一百，张大同錢一百，张孝同錢一百五，张大倫錢一百五，张景文錢一百，张學祥錢一百，张奉臣錢一百，张夢德錢一百，刘士才錢一百五，刘士庫錢一百五，刘大有錢一百，刘大福錢一百，张進才錢一百，张希開錢一百，刘聚才錢一百，刘士貴錢一百，刘士儒錢一百，刘行祥錢一百，刘士和錢一百，刘允斗錢一百五，刘士標錢一百五，刘士煥錢一百，刘大安錢一百，刘允秋錢一百，刘大賓錢一百，张希仁錢一百，张希士錢二百。剎油麻：张僧林錢一百五，张希玉錢一百，张學善錢一百五，张學曾錢一百，张希中錢一百，刘大才錢一百，刘大學錢一百，刘大全錢一百，刘大富錢一百五，刘行倉錢一百，刘大秀錢一百五，刘允孝錢一百，刘行秀錢一百，刘行亮錢一百，刘喜成錢一百，刘大文錢一百，刘玉敬錢一百五，刘玉明錢一百五，刘士保錢一百，张希堯錢一百，张法春錢一百。李秀口錢一百，张保善錢一百，张保富錢一百，张夢公錢二百，张學香錢二百，张大日錢一百五，张門刘氏錢一百，刘蘭錢五百，张法堯錢一百，张希田錢二百五，张夢相錢一百，张夢甫錢一百，张法立錢一百，张法存錢一百，张法直錢一百，张法周錢一百，张希瑞錢二百，张法正錢一百，张希山錢一百五，张學長錢一百，张夢秋錢一百，张大孝錢一百，张大溫錢一百，张大興錢一百，张法京錢一百，张随錢一百，张景坤錢一百，张保興錢一百五，张大聚錢一百五，张法蘭錢二百。

女化緣：张門郭氏子群對，张門楊氏子大溫，张門成氏子夢艮，张門桑氏子帝法，张門桑氏子世旺，张門申氏子天朋，张門馬氏子士春，张門秦氏子景全，张門桑氏子夢有，张門岳氏子夢德，张門程氏子學同，张門秦氏子學太，张門秦氏子景文，张門馬氏子希成，张門岳氏子保善，张門郭氏子喜春，張門刘氏子大士，刘門桑氏子士有，刘門郭氏子立山，刘門楊氏子玉明，刘門桑氏

子喜存，刘門趙氏子行秀，刘門桑氏子貢，刘門桑氏子大全，刘門张氏孫行祥，刘門桑氏子允中，刘門张氏子聚謨。张喜春施錢一百文。张學甫施錢五百文。

　　李家崗石灰窑施錢一百文。本村瓦窑：张學甫、张學安、张學彦，施錢二百文。厨役：陳廷現、陳見明，夥施錢二百文。木匠：张學同施錢一百文。泥水匠：张大榮施錢二百文，张法直施錢一百文。金匠：张希竟、倪振邦。本村玉工：张世旺錢一百五十文，张太全、桑喜蘭。

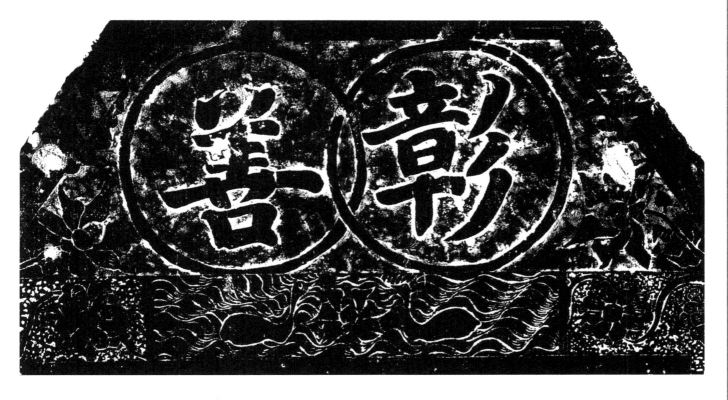

《重修龍神廟記（碑陰）》拓片局部

重修戏楼碑記

今夫雷雨作而百穀甲折，百靈告成者，非此神之功也耶？然第為扇以樓其聖像，而春秋祈報之日，無以為狀悅耳目之地，所謂神之聽之，中和且平者，安在哉？故廟前有戲樓由來久矣。吾盧村有龍神廟一所，而前無戲樓，此一缺限也昔。康熙年間，有懷疏欲成此功，而功未告斯樓，兂成以及廟之殘缺者補之，牆之未茸者等之，雕梁畫棟，映堂日，而斯樓兂成，有李有平，慨然承應。合集村衆，泉皆願從於是，庀材鳩工，未告峻今有李平恊，合簫管而備舉，非以壯一時之觀瞻，亦以答百神之惠也矣。功成而命為敘，因捲數字，以勒諸石。

宇咸交輝，妙舞清歌。

神惠也矣，功成而命為敘，因捲數字，以勒諸石。

梆泉村生員穸存瑞撰書

盧家寨石匠傅文謝施大錢五百五十文

西崗村兂正俟萬咸毓扶門做工

本村按粮出錢按戶當版

傅文謨 施大錢二百五十文

後會村王古相 行九滿施大錢三百五十四文

德九思 劉內官 劉成光 張成奇

李三奇 張永紅 劉千秀 王根京 賈舞

社奇李進和 楊布知 楊春松

李青 庫首張永奇 張成和

犁有平

道光元年夏五月穀旦

373. 創修戲樓碑記

立石年代：清道光元年（1821年）
原石尺寸：高132厘米，寬55厘米
石存地點：安陽市林州市東崗鎮大河村官房院

〔碑額〕：流傳

創修戲樓碑記

今夫雷雨作而百穀甲折，甘霖降而萬寶告成者，非此神之功也耶。然第爲廟以栖其聖像，而春秋祈報之日，無以爲快悦耳目之地，所謂神之聽之中和且平者，安在哉？故廟前有戲樓，由來久矣。今大河村有龍神廟一所，而前無戲樓，此一缺限也。昔康熙年間，有李懷真欲成此功，而功未告峻。今有李有平慨然承應，會集村衆，皆願從。於是庀材鳩工，不數日而斯樓克成，以及廟之殘缺者補之，墙之未立者築之。雕梁畫棟，映堂宇而交輝；妙舞清歌，合簫管而備舉。非以壯一時之觀瞻，亦以答百年之神惠也矣。功成而命爲文，因凑數字以勒諸石。

柳泉村生員李存瑞撰書。

會首：李有平、李三興。社首：李進和。庫首：張永奇。買辦：王成舉、張永成、楊布和、王振京、刘子貴。攢首：李三多、刘自寶、刘自成、張成彦、王振邦、楊布松、王成富、楊布福、楊布春。摧工：刘玉發、王成林、楊布德、傅名臣。管雜：□□□、劉廷喜。

後郊村木匠：傅九惠、王士相、傅九清、傅文清、傅玉相、傅文銀，施大錢三百五十四文。蘆家寨石匠：傅文成、傅文輔施大錢五百三十文。西崗村瓦匠：侯萬成施大錢一百五十文。

本村按糧出錢，按户管飯，按門做工。

道光元年夏五月穀旦。

福　綠　善　慶

重修龍王廟碑記

374. 重修龍王廟碑記

立石年代：清道光元年（1821年）
原石尺寸：高94厘米，寬60厘米
石存地點：安陽市林州市任村鎮趙所村龍王廟

〔碑額〕：福緣善慶

重修龍王廟碑記

且擅茸龍王有靈之祠，故恃垂濟，時和年豐之勳，而其所以爲然者。但不知創自何時，已經重修之幾次。不意至之於今，其祠□久頹隳，復尚不蔽風雨，皆慚甚削，祈報之盛，雖有憔悴，而無如何之計。忽有申翁諱文厚者，窺察古人有爲之繼，即願命己爲首，會□村眾，募化我鄉黨，資粟待繹，前後之從焉。凡善信之男女，而趨蹌恐後。於是財物將積，鳩工而重一經營。自嘉慶己卯歲至道光□巳秋，三載之間，此檐閭皆繪其華，棟宇亦絢其彩。復壯補威之赫赫，則煥然而復新之盛焉。工成告竣。勒石以垂不朽云耳。

蒙童申文炳撰書，捐錢五百文。

社首：申文厚捐錢三千四百。攢首：彭文朝捐錢六百，又錢一千，李廷付捐錢三百文，申聚興捐錢六百文，彭伏讓捐錢六百文，申文讓捐錢四百文，彭天花捐錢四百文。監工：李廷貴捐錢五百文，靳和良捐錢五百文。催工：申法付捐錢一千文，彭文標捐錢二百文，申永志捐錢四百文，申文元捐錢八百文，岳得法捐錢七百文，申文魁捐錢二百文，彭文金捐錢三百文，李萬同捐錢二百文，申法榮捐錢五百文，彭文景捐錢八百文，彭賢捐錢五百文，李立明捐錢六百文，尤興義捐錢一百文，申君平捐錢三百文，申文成捐錢五百文，申法興捐錢一百文。

信女：申門尤氏、李門桑氏、彭門巫氏、申門李氏、申門彭氏、李門黎氏、申門張氏、彭門汪氏、岳門李氏、尤門宋氏、彭門蘇氏、尤門張氏、李門成氏、靳門彭氏、岳門程氏、彭門靳氏、彭門岳氏、李門元氏、申門桑氏、靳門馬氏。

申志興捐錢一百文，申廣興捐錢一百文，彭天春捐錢四百文，彭天付捐錢四百文，尤興倉捐錢六百文，李万保捐錢一百文，李松同捐錢一百文，□興貴捐錢四百文，申文忠捐錢二百文，彭文善捐錢六百文，彭文合捐錢一千一百，李万興捐錢三百文，李廷保捐錢一百文，李廷根捐錢一百文，李廷興捐錢一百文，申文斌捐錢一百文，岳振海捐錢一百文，申文秀捐錢一百文。彭全義捐錢四百文，尤興旺捐錢一百文，申文貴捐錢三百文，李万才捐錢一百文，申永仁捐錢一百文，芦明捐錢二百文，申法貴捐錢一千二百，李万录捐錢三百文，李万東捐錢五百文，申李氏捐錢二百文，李李氏捐錢六百文，申希明捐錢一百文，申立成捐錢四百文，范中信捐錢四百文，范中樂捐錢四百文，靳和付捐錢一百文，李元氏捐錢二百文，申君賢捐錢一百文。申文和捐錢一百文，李万春捐錢一百文，靳和讓捐錢一百文，彭聚金捐錢一百文，岳現成捐錢一百文，申文田捐錢一百文，申文亮捐錢一百文，申文香捐錢一百文，申文煥捐錢一百文，尤玉秋捐錢一百文，彭全文捐錢一百文，申三奇捐錢一百文，靳和厚捐錢一百文，靳和儉捐錢一百文，彭文榜捐錢七百文，程刘氏捐錢一百文，李廷碧捐錢一百文。

木匠：彭全禄施錢一百五十，彭天德施錢一百五十，彭帝平施錢一百文，岳全付施錢一百文。瓦匠：程大保施錢二百文。金匠：黃文花、董聚金、彭帝德、彭同吉，施錢五百文。石匠：許孟寬施錢一百文，張立金施錢一百文，尤興奇施錢四百文，申文孝施錢一百文。

道光元年十一月吉旦。

重修碑記

375. 重修金龍四大王廟碑記

立石年代：清道光二年（1822 年）
原石尺寸：高 172 厘米，寬 65 厘米
石存地點：焦作市博愛縣鴻昌街道辦事處大王廟

〔碑額〕：重修碑記

清化鎮九地方有金龍四大王廟，由來久矣。自乾隆四十一年重修，至今四十餘載，神像塵封，殿宇損壞。我輩公議復修，計算本班歷年積項、近日新捐，僅存錢一百八十千零。復又勸捐錢九十千零。擇吉元年十月初二日開工，將大殿、拜殿、東西看墻、東西兩樓、大門、儀門、旗杆、舞樓，俱煥然整新。通共使費錢二百七十千零。茲值工竣之時，特將施財姓氏，并本班執事同書貞珉，以誌不朽。

洋河鐵貨衆商捐錢四千文。周口扶聖會捐錢四千文。七方虔心會捐錢四千文。隍廟馬班捐錢二千文。大成中號捐錢、同吉典、信義典、豐亨典、高綠梅，以上各捐錢千二百文。文興記號、茂號、順號、興號、元號、興號、增盛號、永春號、大興號、聚昇號、統元號、高邑豐太號、大興条店、聚源昌記、王興合記、復興清店、張復興號、杜瑞隆號、東永記、交泰公記、中義和號、通順源號、大盛號、端盛號、隆宇號、孫志仁、聚太號、王烈、謝立本、謝立功、原振業、原振東、鄧永錫、張佰、齊合盛號、和聚油坊、中和錢店、玉成錢店、太順裕記、太順衣店、茂林福號，以上各捐錢一千文。八佾同興號、董謙益號、高林盛坊、史義合號、芳興號、田存誠、寶豐店、路統法、牛自興、義盛號、元化樓，以上各捐錢八百文。永和號捐錢七百文。君盛衣店捐錢六百文。公太號、太山號、昇昇號、宏興號、通興號、孔三興號、申西公盛、同順記、彭興盛號、大成公號、西同昇號、西通興號、桑長盛號、合盛號、同裕號，以上各捐錢五百文。郭義和、合義號、全順號、元生號、光合號、張士楹、高天玉、元起德、潞府三盛明記、高平元盛仁記、祁縣廣興永、祁縣天號、高邑公盛號、南全順號，以上各捐錢四百文。正興谷記、全盛谷記、萬義號，以上各捐錢三百文。東泰昇號、義和公號、路鵬飛，以上各捐錢二百文。

督工：謝國良、蕭清高。

執事：趙鐸、玉成號、天吉號、增泰店、廣裕號、蕭振鎬、同順店、王和盛、張軒盛、蕭增高、王泰順、東興號、王文盛、李惠興、敬成號、高瑗、美和號、李玉林、玉興號、協昇店、王萬合、刘珍、復生店、蕭大朝公立。

住持王陽璽立石。

大清道光二年三月初一日。

376. 重修元天上帝廟碑記

立石年代：清道光二年（1822 年）
原石尺寸：高 54 厘米，寬 119 厘米
石存地點：新鄉市衛輝市汲水鎮順城關祖師廟

郡西順城門街，地勢窪下，迫近城濠，每伏雨霖潦，居民輒被水灾。倘工洧□水畢集，則廬舍既盡衝没，雨水勢有偪城，□郡城亦爲之危。乾隆□十九年衝去某氏故居，因□甕城其明衛也。其街之北舊有古廟一座，祀元天上帝水神也，被灾群黎，所賴以託命焉。乃歲久頹敗，不足以栖神靈。於是□□議重修，各量資力，及募化四方善信，共襄盛舉。俾居民祈報有所，且陽感陰府，必蒙神佑，不獨可以保障一方，而金湯并藉以鞏固矣，所關豈淺尟哉。兹於落成之日，化其緣起，以告方來，便知所繼，兼列釀錢者姓名於後，以示勸云。

汲郡學廩膳生員曹文煜撰文并書。

衛輝府正堂熊捐銀叁拾兩。署汲縣正堂孫捐銀貳拾兩。

恒興坊捐錢拾仟，聚興酒店捐錢叁仟，萬盛佰記捐錢叁仟，李齊賢捐錢叁仟，渚永年捐錢陸仟，梁鑑捐錢叁仟，郭大富捐錢貳仟，五色染坊捐錢壹仟五百，侯國寶捐錢叁仟。孫殿有、焦花、郭炳、大成酒店、王居敬、李大合、郭殿魁、蘇成、唐成、苗大安、柴俊、黃鈺、仝富有、王樂、天元釘店、興盛齋，各捐錢一千。苗沛捐錢貳仟，潘世誠捐錢一千五百，開廠下□捐錢一千五百，衛□□虎捐錢一千。□太、齊永太、王朝相、王進學、宴殿元、李榮、田貴、郭如桂、王運、張有，尚金，各捐錢五百。尚明國、苗貴捐錢五百。郭□魁、張□、葉□□、余大□、徐魁、蘇起法、潘恒盛、陳合盛、慶合號、王萬年、天一堂、徐興虎、李文煜、趙仁、王文海、和崢、和群、□堂、楊相圖、吉承祚、吉順局、成興局、天興局、陳天坤、李□攸、陳震藩、焦吉倫、焦吉法、焦有、焦□、焦信、焦德□、焦德成、李□、王鐸、蘇德、黃銀、李有禄、焦尚青，各捐錢五百。蘇金、李楷、蘇法有、陳天才、郭自有、楊德□、豐興酒店、協成號、劉芳鎔、唐富、業鎬、尚富國、元盛借代鋪，各捐錢三百。田桐、王德玉、羅德、和義、郭德明、李自秀、□問、□福、余法、朱仁、尚喜、王岷、焦爨、焦興乾、李自有、郭大保、傅致堂、李善長、月盛藥坊、王□、薛興、韋德生、□□號、泰來烟鋪、馬驥、温自興、焦貴興，各捐錢貳百。徐君愛、張大典、楊恒盛、長盛號、□本號、焦□□、殿行號、朱斌、崔法、代玉祥、□和號、王貴、張法、和三義、興成店。五福館、郜速元、李沛、劉鳳鳴、韓明、徐廷材、劉進忠、焦德榮、鼎和號、錢□向、羅大用、和太、李天合、郭殿魁、焦花、仝梅、南新盛、化新盛、恒興坊、柴福清、王有、尚明、郭大富、蘇成、田太安、侯普、蘇起法、仝□，各捐錢一百。曹永□、黃法財、林成功、苗楷、黃浩、馬列、尚芝國、趙桐、邵進京、劉花、聚太號、隆春號、□盛號、鳳興號……

大清道光貳年歲次壬午季春月穀旦。

377-1. 建連昌渡洋橋碑記（碑陽）

立石年代：清道光二年（1822 年）
原石尺寸：高 198 厘米，寬 68 厘米
石存地點：洛陽市宜陽縣三鄉鎮三鄉村光武廟

利濟可風。

欽加同知銜宜陽縣正堂加七級紀録五十三次鳴爲□□□、□□□立。

請銜人：安邑永義號、朝邑全德興、聞喜新盛號、監生任鳳泉、庠生王萬年、監生□炎標、壽民李顯光、庠生□盛樂、何萬福、壽民王光富、生員范長青、監生范殿卿、生員李鳳鳴、王士傑、增生李雲衢、陳桂、王長泰□□□□英、壽民王振都、壽民李仁智、監生李西伯、范殿昇、壽民李敬書、馮占魁、李中元同立。

龍飛道光二年歲次壬午嘉平月中浣之吉。

建連昌渡洋橋碑記

爾雅云隄謂之梁石柱謂之徛徛徛昔名為梁徛在今則謂橋余考廣輿記江左有垂虹荆襄有緑楊粤西有海棠至閩越泉州跨洛陽江
名萬安者乃郡守蔡襄公所建也澤及行人口碑至今獨存夫橋有別而利濟則無別建橋有殊而設心則無殊宜邑三台鎮東連昌西
渡洋每歲至冬初成梁未易舉病涉則不免焉適有李孝君謀夫影者獨出已貲修葺兩河之橋費青峽若干不數日而工告竣施地十
餘畝以為看守東西橋用又恐年久橋木傾圯外施地數畝着人經理每歲斷蘆棵租寔價置成橋木不致修補維艱豈若君之籌踏
盡善亦甚矣惣是歲余此上諸觀友以勤貞珉見詫余有惟謝隨不足以贊李君耶即所聞以蒙其德竊顧後之君子興李君有同
志焉庶善以繼善永傳不朽也是為記

　　　　壬午科進士即補知縣王魏張隙庚譔文
　　　　邑後學員罢之任濟略書丹

計開
施連昌橋鉄地四畞一分六厘零外連地坡南横九丈北畔十丈繫三尺中長二十六丈又銅地一畞五分坐落村東南五甲水東西甲三棧俱下丈六尺零六
分中長五十六丈零五寸共棵繫二分一厘此地係看守橋人耕種得租封納銀銀
施渡洋橋鉄地畝十畞六分四厘零坐落村西北東二段南横九丈七尺北横八丈九尺中長二十九丈七尺西一段東横九丈
五尺中長三十九丈零王尺共棵渠地係看守橋人耕種得租封納銀銀
又施修連昌橋棵鉄地四畝三厘三毫落東街東連昌橋南横九尺零三寸中長三十二丈三尺
又施修補補東渡洋橋木欽地二畞三厘三毫北南大段南横五丈七尺五寸中横五丈二尺北横三丈七尺中長二十九丈北此小段南横一丈零七尺
北横一丈五尺中長八丈此二段原棵渠其六分二厘

377-2. 建連昌渡洋橋碑記（碑陰）

立石年代：清道光二年（1822 年）
原石尺寸：高 198 厘米，寬 68 厘米
石存地點：洛陽市宜陽縣三鄉鎮三鄉村光武廟

建連昌渡洋橋碑記

《爾雅》云：堤謂之梁，石杠謂之徛。在昔名爲梁徛，在今則謂橋。余考《廣輿記》，江左有垂虹，荊襄有緑楊，粤西有海棠。至閩越泉州跨洛陽江名萬安者，乃郡守蔡襄公所建也。澤及行人，口碑至今猶存。夫橋有别，而利濟則無别；建橋有殊，而設心則無殊。宜邑三台鎮東連昌、西渡洋，每歲至冬初成，梁未易舉，病涉則不免焉。適有李君諱雲彩者，獨出己資，修葺兩河之橋，費青蚨若干，不數日而工告竣。施地十餘畝，以爲看守東西橋用。又恐年久橋木傾圮，外施地數畝，着人經理，每歲所獲稞租，變價置成橋木，不致修補維艱。噫！若君之躊躇盡善，亦甚矣儆。是歲，余北上，諸親友以勒貞珉見託。余自惟譾陋，不足以贊李君，聊即所聞以誌其德，竊願後之君子與李君有同志焉，庶善以繼善，永傳不朽也。是爲記。

壬午科進士即補知縣王槐張際庚撰文，邑後學生員器之任濟蹡書丹。

計開：施連昌橋鐵地四畝一分六厘，坐落村北坡。南橫九丈，北橫十丈零三尺，中長二十六丈。又銅地一畝五分，坐落村東南五甲水，東西中三橫俱一丈六尺零六分，中長五十六丈零五寸，共糧銀二錢二分一厘。此地係看守橋人耕種，得租封納糧銀。

施渡洋橋□地十畝六分四厘五毫，坐落村西北，東一段南橫九丈七尺，北橫八丈九尺，中長二十九丈七尺。西一段東橫九丈四尺，西橫九丈五尺，中橫九丈五尺，中長三十九丈零王［五］尺，共糧銀□錢□分□厘五毫。此地係看守橋人耕種，得租封納糧銀。

又施修補東連昌橋木鐵地二畝三分九厘，坐落街東，南橫三丈九尺零三寸，北橫四丈九尺零五寸，中長三十二丈三尺。

施修補西渡洋橋木鐵地二畝六分一厘三毫，坐落街北，南大段南橫五丈七尺五寸，中橫五丈二尺，北橫三丈七尺，中長二十九丈。北小段南橫一丈七尺，北橫一丈五尺，中長八丈。此二段原糧銀共六分二厘。

大清

重修石渠碑記

竊思前人之創造維艱則後人之法守宜急余村靠山傍溝舊有水渠一道人蓄賴以活
命承祿賴以告成竊屬村中之急務也湖水源濬石渠之修已經歷次矣知創於何代惟
康熙元年重修石渠石崖之上確有字迹可考鳴乎自石渠修後則食水者捉便注蕪誠
覺取攜之甚便灌田者源遠流長無有壅塞之為患是前人之為後人謀也余春二月趨
但歷年又遠水沖石撞渠多損壞余寄言曰石渠損壞理宜修補最宜急者此余不暇至
間合村恭賀渠師之三父老顧余而言曰後人法守之所在修補之命吾輩年老力衰夸
歲但起手至六月間而功告竣為重成父差余為文以記石渠之壞不可以不修云
旬合雨等立值青春何可生視於是正後人法守之敢承父老之命余不敢辭忘其固陋遂將事之
甚覬鯢等立值青春何可生視於是正後人法守之敢承父老之命余不敢辭忘其固陋遂將事之
前後器叙數詞勒之于石俾後之居此上者知石渠之壞不可以不修云

邑庠生陳宗錚撰並書

渠上石工何歲祿造列
晋邑櫻山縣曹星昌鎸

龍飛道光三年歲次癸未六月吉日

渠師

督工本村輝農

首事人

陳鳴新 陳東瀾 馬道杰 荊特典 周金聲 馬世玨 馬成知

同合甲人

立石

378. 重修石渠碑記

立石年代：清道光三年（1823 年）
原石尺寸：高 103 厘米，寬 49 厘米
石存地點：三門峽市靈寶市陽店鎮欒村

〔碑額〕：大清

重修石渠碑記

窃思前人之創造維艱，則後人之法守宜急。余村靠山依溝，舊有水渠一道，人畜賴以活命，禾稼賴以告成，實属村中之急務也。溯水源頭，石渠之修，已經数次，不知創於何代。惟康熙元年重修石渠，石崖之上確有字迹可考。嗚呼！自石渠修後，則食水者挹彼注兹，祇覺取携之甚便；灌田者源遠流長，無有壅塞之爲患。是前人之爲後人謀者，何嘗不周至哉！但歷年久遠，水冲石撞，渠多損壞，是正後人法守之所在，修補最宜急者也。今春二月間，合村恭賀渠師，二三父老顧余等而言曰：石渠損壞，理宜急修，第吾輩年老力衰，步趋甚艱，爾等正值青春，何可坐視？於是，余等十有餘人，敬承父老之命，辦理其事。自二月初旬起手，至六月間而功告竣焉。事成，父老差余爲文以記，余不敢辭，忘其固陋，遂將事之前後略叙数詞，勒之于石，俾後之居此土者知石渠之壞，不可以不修云。

邑庠生陳宗璧譔并書。渠上石工何盛禄造修，晋邑稷山縣曹星昌敬刊。

督工：寨上鄉長許致和、本村鄉长马世珏。首事人：周金声、荆特興、馬世杰、趙秉離、陳鼎新、渠師：荆邦棟、周金奎。□含甲人同合甲人。

龍飛道光三年歲次癸未六月吉日立。

壮平皋酉社穿井

昔黄帝教民鑿井而食固以众善陸地非井無以養
生也吾郷内地井水多苦不堪用郷外之水雖甘而
土不堅任歳十餘年屢謁土街盧廟親見神
紫側有井曰上也水病者雲集拜飲者致圓思神客
有靈誠求必應爰命次男階衯同會首族氓中至爭
卜地於本社盧廟坎位得甘泉馮侶為義峯喜勸
本社用水者相助碑砌以為久遠耐矣百惟便
我一社欲食用之水也已井車告成爰將開水布施人
為濟世活人之水也不竭亦将與成皋盧廟之井均
等姓名開列於后勒石以垂不朽云
特授汜水縣儒學教諭加三級萱三策譔文
董貫之書丹
夏文元鐫石

道光伍年歳次乙酉貳月□□穀旦

379. 北平皋西社穿井記

立石年代：清道光五年（1825 年）
原石尺寸：高 35 厘米，寬 62 厘米
石存地點：焦作市溫縣趙堡鎮北平皋村

北平皋西社穿井記

昔黃帝教民鑿井而食，固以人居陸地，非井無以養生也。吾鄉內地井水多苦不堪用，鄉外之水雖甘而土不堅。吾任成皋十餘年，屢謁上街盧廟，親見神案側有井曰"上池水"，病者雲集，拜飲奇效。因思神各有靈，誠求必應，爰命次男際煦同會首族侄中三等，卜地於本社盧廟坎位，得甘泉焉。倡爲義舉，善勸本社用水者捐助磚砌，以爲久遠計。是井也，不惟便我一社飲食用之不竭，亦將與成皋盧廟之井，均爲濟世活人之水也已。井事告成，今將用水布施人等姓名開列於後，勒石以垂不朽云。

特授汜水縣儒學教諭加三級董三策撰文，董貫之書丹，夏文元鐫石。

董際暲錢四千貳百文，董際煦錢四千貳百文，田丙辰錢貳千四百文，董維安錢一千六百文，張太平錢乙千六百文，張良錢八百文，董續錢八百文，董富先錢八百文，董濟美錢六百文，董兆元錢四百文，董法芝錢四百文，董琳錢四百文，董占元錢乙百文，董李氏錢乙百文，董卜元錢貳百文，董奉元錢貳百文，董其垣錢四千貳百文，董萬錢乙千六百文，董其斿錢乙錢六百文，張旺錢八百文，董德美錢六百文，董法元錢四百文，張化錢貳百文，王思明錢貳百文，董懷元錢乙百文，董本立錢乙百文，董奉魁錢乙百文，董長生錢貳百文，董幃錢貳百文，董坤元錢貳百文，董德輝錢乙千六百文，李松錢貳百文，董中三錢貳千文，董彩章錢乙千六百文，董希舜錢乙錢六百文，董良弼錢六百文，董福寧錢四百文，王思溫錢四百文，董珉錢貳百文，董興林錢貳百文，董長安錢乙百文，董鶴生錢乙百文，鄭占科錢乙百文，董良智錢貳百文，董奉先錢八百文，董魁元錢貳百文，朱謙錢八百文，王希禹錢乙千六百文。

道光伍年歲次乙酉貳月穀旦。

重修大池碑記

蓋聞黃帝穿井而共汲漢武作池以鍾水二者名雖異而盼以為水計者無異也茲燕科非無此
汲之井苹居民耽多井之可汲止共十分之五六所頼以足用者恃有斯池是也木聞殺迫自何
時常見沛然下雨因渚而盈可補井之缺可是村之用及道光三年七月霜旬秋雨連綿洪水橫
流將池之南北二岍卷石悉除勾水不存吾鄉之人他方汲水父老不免三米帝亂之堂農夫多
有為水生事之端意欲重修意功難成革有舊人譚王得禄雷發雲付全英趙九冨段英青二岍補四
趙起功學同邑酒穀會請村眾立首事大餘人倡率村眾為重修之舉斯時地築二岍功成庶幾年
維按丁給功照糧捐財扵是功起扵四年健春之且落成扵五年仲夏之長功皖告成爲之
作文予登能支妾為俚詞列序其所事勤諸真眠以善不朽

計開

雷復森
罡辯
雷作森

段登壹
罡辯
王汲功

趙九雷
付文章
王美功
催工
雷各章

王复勒
雷各章
監工
趙起鳳
雷法瑞
石匠
王萬根

王有功
王回府
東園趙苹香撰書

會首
王得禄
付全英
趙吳文
雷盖典
雷九伏
趙共功

每丁及捐錢一千四百文
上庄粮銀五兩又五錢
下庄粮銀二十八百三十六
共丁七百五十七名

每二十做工六木捐錢二十支
上庄共丁八百五十七名

凡異鄉移粮入戶者修池之事未給功捐財

大清道光五年　仲夏　吉旦　吾社公立

380. 重修大池碑記

立石年代：清道光五年（1825 年）
原石尺寸：高 154 厘米，寬 63 厘米
石存地點：安陽市林州市東崗鎮下燕科村

〔碑額〕：碑記

重修大池碑記

盖聞黃帝穿井而共汲，漢武作池以鍾水。二者名雖异，而所以爲水計者無异也。我燕科非無共汲之井，奈居民孔多，井之可汲，止共十分之五六，所賴以足用者，恃有斯池。是池也，未聞創自何時，第見沛然下雨，因流而盈，可補井之缺，可足村之用。及道光三年七月初旬，秋雨連綿，洪水橫流，將池之南北二岸卷石悉除，勺水不存。吾鄉之人他方汲水，父老不免乏水啼飢之嘆，妻子多有爲水生事之端。意欲重修，慮功難成。幸有善人諱王得禄、雷發雲、付全興、趙九富、段興貴、趙起功等，同具酒殽，會請村衆，立首事十餘人，倡率村衆，爲重修之舉。斯時也，築二岸，補四維，按丁給功，照糧捐財。於是，功起於四年仲春之月，落成於五年仲夏之辰。功既告成，囑予作文，予豈能文？妄爲俚詞，列序時人，録其所事，勒諸貞珉，以垂不朽。

東園趙子香撰書。

計開：每一兩捐錢一千四百文，每一丁做工七個、捐錢二十文。

上莊糧銀五十八兩五錢，下莊糧銀六十八兩六錢。下莊共丁七百三十六名，上莊共丁八百五十七名。

凡异鄉移糧入户者修池之事未給功捐財。

會首：雷發雲、段興貴、趙九富、王德禄、付全興、趙起功。買辦：雷作霖、王玫。攢首：付文章、王美功、趙興文、雷九伏。催工：王有功、李上付、趙子方、雷名章、雷法興、趙法功。監工：王國府、李進學、趙起鳳、雷法瑞、雷法學、雷有方。

住持：隆旺。石匠：王金瑞、王萬良。

大清道光五年仲夏吉旦合社同立。

381. 法濟寺遭遇大水碑記

立石年代：清道光五年（1825 年）
原石尺寸：高 95 厘米，寬 48 厘米
石存地點：安陽市林州市任村鎮盤陽村

〔碑額〕：流芳

盖聞平陂者世運，剝偃者夫心。如法濟寺地□雖小，□□列衝繁。而當夫洪水未經，東有伽藍殿，西有祖師殿俱三楹，南有天王殿、鐘鼓樓五楹。迤西一院有水陸、地藏殿各三楹。地勢非不壯觀，且山門外東西八字華牆，完而無缺，誠邑北名區也。乃不意道光三年六月廿六日，大水驟發，浩瀚無涯，將諸殿盡爲毀滅，舉從前堂皇之觀，一旦掃地而盡，所存者第前後大佛殿已耳。貞誠之徒清峰、全增，徒孫道清者，恐後世不知其詳，故獨出資，勒石以爲誌云。

本寺僧全增，徒道清、道林，孫德宝、德財、德艮、德庫。貞誠，徒清峰，孫大林、大興。道興，徒德參，孫庸聚。清秀，徒大會，孫會成、會伏。

道光五年拾月二十一日立。

382. 重修包孝肅公神祠碑記

立石年代：清道光五年（1825 年）
原石尺寸：高 163 厘米，寬 54 厘米
石存地點：新鄉市封丘縣黃德鎮大張莊村泰山老奶廟

〔碑額〕：万世流芳

嘗聞莫爲之前，雖美弗彰；莫爲之後，雖盛弗傳。信哉斯言，誠不誣也。如滑邑迤南九十餘里西，大□大張□玉舊有重修天仙聖母行宮暨包孝肅公神祠，創自萬曆三十五年，其創聖母行宮之□，昔已勒諸貞珉，不必贅述。至於包孝肅公神祠……誌之，余竊取其意，大抵以包孝肅公之存諸心者，□□□□□金石，其出諸□者……剛直是天，而邪曲不敢復□耳。乃由……決口，洪水橫流，平地水深三尺有余，庙……公諱興旺者，思前人之……入庙仰瞻，無不乐其工……大成至聖孔老夫子聖殿……神像焕然維新，何……恐遺笑大方，固……

大清道光伍年歲次……

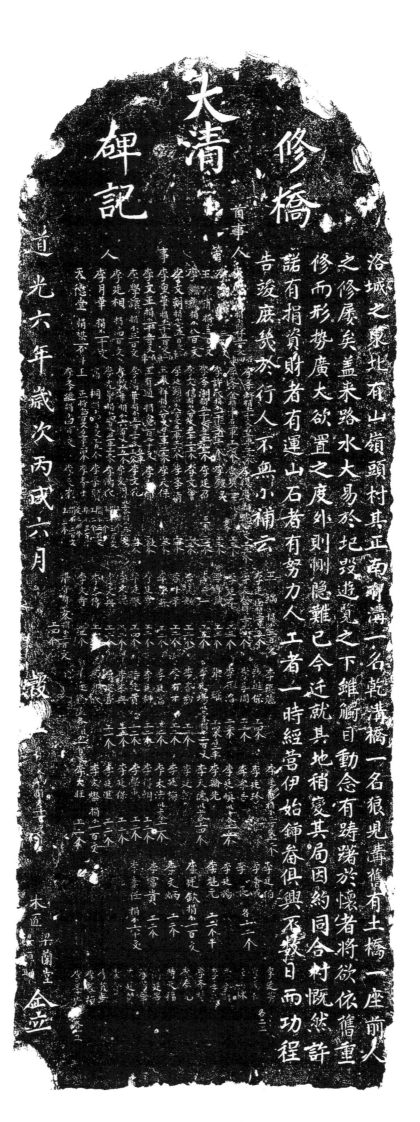

大清
修橋
碑記

洛城之東北有山嶺頭村其正南硼澗一名乾溝薄橋一名狼兒薄舊有土橋一座前人之修屢矣蓋来路水大易於圯毀遊覽之下雖觸目動念有躊躇於懷者將欲依舊重修而形勢廣大欲置之度外則惻隱難已今迓就其地稍葺其局因約同合村慨然許諾有捐貲財者有運山石者有努力人工者一時經營伊始錙銖俱興不數日而功程告竣庶幾於行人不無小補云

道光六年歲次丙戌六月

383. 修橋碑記

立石年代：清道光六年（1826 年）

原石尺寸：高 110 厘米，寬 39 厘米

石存地點：洛陽市孟津區送莊鎮西山頭村

〔碑額〕：大清修橋碑記

洛城之東北有山嶺頭村，其正南有溝，一名乾溝橋，一名狼兒溝，舊有土橋一座。前人之修屢矣，蓋來路水大，易於圮毀。游覽之下，雖觸目動念，有躊躇於懷者，將欲依舊重修，而形勢廣大，欲置之度外，則惻隱難已。今迁就其地，稍變其局，因約同合村慨然許諾，有捐資財者，有運山石者，有努力人工者。一時經營伊始，鍤臿俱興，不數日而功程告竣。庶幾於行人不無小補云。

首事人：李學彦捐錢陸仟五百文、石四車。

管事人：李學□捐錢三百文。王甫捐錢三百文。李□□捐錢八百文。李文朝捐錢二千五百文、石三車。李重華捐錢一千五百文、石三車。李文正捐錢一千五百文、石一。李學讓捐錢三百文。李廷相捐錢四百文。李月華捐錢一千文。天德堂捐煤一石二斗。李學科捐錢一千文、石三車、工五個。李學金捐錢一千、石二車、工七個。李許氏捐錢一千文、工三個。李學潮捐錢一千文、石二車、工三個。李文信捐錢八百文、石一車、工五個。李廷顯捐錢八百文、石一車、工六。王來祥捐錢八百文、石三車、工二個。王有通捐錢七百二十文。李清華捐錢五百三十文、石一車、工八個。李敷華捐錢六百文、工五個。李光華捐錢四百文、石一車、工二個。高桐捐錢四百文、工五個。王正捐錢四百文、石二車、工四個。李學經捐錢四百文。李復慶捐錢四百文、工五個。李英華工三個。李鍾灵工三個。李廷召石一車、工二個。李文會工三個。李學清工一個。李天保工三個。李文郁工五個。李文花工四個。李文閣，以上各捐錢三百文。李楊氏捐錢三百文、工四個。李學賢捐錢三百文、工二個。李學士捐錢三百文、工四個。李天才捐錢二百文、工二個。王瑀捐錢三百文。李廷臣捐錢二百、工五個。李文登捐錢三百、工二個。李廷元工三個。李學誠工二個。李天一工五個。李文新工二個。李叶華工二個。李學蘇工二個。李廷寧工二個。李廷珠工四個。李文德工二個。李文興工二個。李文傳工一個。李文奇工三個。張守身，以上各捐錢二百文、工四個。李復魁、張進保工四個。李學周工三個。李學洛工二個。張瑶工四個、石二車。李廷場，以上各捐錢二百文。李學粉工二個。李有才工二個。李廷富工二個。李廷科工二個。李廷貴工二個。李學興：工五個。李廷喜工一個。李張氏、李廷修，以上各捐錢一百文。李廷□捐錢二百文、工二個。李廷珍、李學吾、李廷焕，以上人工五個。李翰先、李天德，以上人工四個。李廷新、李廷梅、李太法，以上人工三個。李得朝工二個。李學忠工二個。李廷保工二個。李廷進工二個。李文燦捐錢一百文。李大旺工二個。李廷佰、李會成、李長各工二個。李廷楊、李魁元工二個。李廷欽捐錢一百文。李文炳工二個。李富貴工二個。李學仁捐錢六十文。李廷芳、李廷仁各二工。李三林、李金新、李學洁、李學時、李奉先、時天福、李廷景、李芳華、李廷贊、李會華、李茂華、李學槙、李學先工各五。

木匠：梁蘭堂、梁恒聖。

同立。

道光六年歲次丙戌六月穀旦。

384. 修理白馬渡口船碑

立石年代：清道光六年（1826 年）
原石尺寸：高 144 厘米，寬 61 厘米
石存地點：洛陽市洛寧縣澗口鄉張村寨村

〔碑額〕：大清

修理白馬渡口船碑

共收布施錢壹佰叁拾千零一百文，共化錢壹佰貳拾九千五百三十文。

經理：楊荊玉施錢五百，吉令儀施錢三千，吉元漢施錢三千，楊修賢施錢五百。

鄉地：燕士明五百，吉元榮三百，戴宗禹二百，衛元魁二百，楊紹禹五百，許萬全二百，衛學義二百，蘭建平三百。

船户：吉文正五百，吉元敖五百，宋大魁五百，吉元昇五百，薛占五百，吉元有五百，吉永祥五百。同立。

石匠王都刊。

時道光六年歲次丙戌桂月下浣谷旦。

碑記

龍飛道光六年十一月　谷旦

合棗公立

385. 古城村公議渠規

立石年代：清道光六年（1826 年）
原石尺寸：碑高 147 厘米，寬 61 厘米
石存地點：洛陽市伊川縣平等鄉古城村

〔碑額〕：碑記

紫荊山側泉水，由來久矣。古城村引水灌田，名爲永渠。至□太爺莅任以來，入嵩誌，載碑記，改名周城渠。至嘉慶十年，時值亢旱，楼子溝、杜溝截水，不能下注。村中白通、白有智、白永棋、白□、洪汝禮、石守仁數人，引水灌田。楼子溝人控到縣，興訟一載，未曾結案。後周村公議，白射九、王朝輔、林茂三人赴省具禀藩憲案下。蒙批，仰河南府委員胡公□驗，白皓、王瑄、趙天章、鄭得時、白汴、白淇、曹得科、白廣生、郭振國、黄之紹、洪文章、趙廷選、董國柱公等，協力幫辦。蒙憲恩斷，楼子溝不許攔截水道，亦不許石堰增高，自上而下，彼此公用。如水勢泛濫，冲壞道路，着水泉渠人修理。於道光六年六月二十九日，□朝輔以道光元年所刻之碑，竪立白之式，因渠無定規，勞逸未析，彼此爭執，致成訟端。經鄉親□和，另刻碑記，公議渠規：將周城渠三道支渠，一替一日一夜，輪流灌澆，周而復始。凡出錢之家，理宜遵規灌澆。未出錢之家，亦不得恃强□水。渠規議定，情平氣和，公商勒碑，以垂永遠，以絶訟端云爾。

合渠公立。

龍飛道光六年十一月谷旦。

皇清

義井碑記

嘗聞耕田而食亦必鑿井而飲誠以民非水火不生而養可以無飾
也本村東頭尚無井問里者漯汲城羊近東君白安情願施已
以為井所東君謙鐩君名謙某学宋忍慕旺守同里衆各捐已貲
趄工米得醴泉不甚石河約古岐為子為文予曰吾賤斯舉于城市興
井則商旅不通里巷無井則日用不易曰王門夫福斯之開興此舉
雖小矣勒貞珉誌不朽

後學宋建典撰大書丹
孝廉主茶茍安捐金裡

道光柔平歲次戊亥二閏之吉

王吉卻　　王桂林　宋建桂
宋建興　宋松林
宋振昇　王聖誚　宋松林
王役典　王聖雖　王聖誚
王深純典　王大士
宋棍林　宋振海　全立石

386. 義井碑記

立石年代：清道光七年（1827 年）
原石尺寸：高 95 厘米，寬 42 厘米
石存地點：洛陽師範學院河洛文化國際研究中心

〔碑額〕：皇清

義井碑記

嘗聞耕田而食，亦必鑿井而飲，誠以民非水火不生，古井養可以無窮也。本村東頭向來無井，同里者深以爲憾。幸有宋君自安，情願施地以爲井所。袁君諱銑、宋君諱建業、宋君諱旺，會同里衆，各捐己資，拮据赴工，果得醴泉，不數日而功告峻 ［竣］。屬予爲文。予曰：善哉，斯舉乎！城市無井，則商旅不通；里巷無井，則日用不給。《易》曰：王明，受福。斯之謂與！此舉雖小，爰勒貞珉，以誌不朽。

後學宋建興撰文書丹。

施主：宋自安捐地□厘。

王古都錢四百文，宋桂林錢伍百文，宋建業錢九百文，宋旺錢一仟八百文，袁銑錢一仟三百文，宋建興錢伍百文，宋振昇錢叁千文，王復興錢八百文，王純錢一千文，王昇錢七百文，宋建柱錢二百文，王敬錢三百文，宋松林錢五百文，□□旺錢六百文，王聖謨錢六百文，王聖魁錢六百文，宋大士錢四百文，宋槐林錢四百文，丁振海錢五百文。同立石。

時道光柒年歲次丁亥三月之吉。

387. 重修陂池路并水口碑

立石年代：清道光七年（1827 年）
原石尺寸：高 140 厘米，寬 57 厘米
石存地點：洛陽市偃師區邙嶺鎮省莊村

重修陂池路并水口碑

竊思：開通道路，所以利行人；導□□□，所以備水潦。□□□，則行有所阻；溝瀆壅，則水無所瀉。二者之所係，豈淺鮮哉。村溝西有大路，西臨陂池溝，東有水口，橫枕土橋，每當大雨時行，街流翕聚，陂池漲溢，大路竟成險道；水口傾圮，土橋幾爲絶壑。居人目之而咨嗟，行者過之而躑躅。於以修之，所宜急也。但興工匪易，倡始尤難。幸有底公卿臣、馬公書圖首領其事，兼募衆資，□登削憑，不終月而告成功。俾夫周道可遵，咸樂蕩平之休；衆流順軌，永無壅塞之患。其功德可没没耶！故事□樂序，以爲後之爲善者勸。

邑庠生王吹壎撰文并書丹。

功德主：鄉耆底卿臣一千六百文，監生馬書圖八百文。

首事人：王大文一千六百文。監生馬廷貴二千文。馬玉耀一千文。馬宗程九百文。王廷召八百文。鄉耆晁淳六百文。馬才二百文。馬賜一百文。馬庚全五十文。馬英□、馬家□□□□……

住持僧江和，徒淮安，徒孫潭宗。

土工底衆清築。石工陳□懷鐫。

道光七年四月中浣穀旦。

388. 修築波池是序

立石年代：清道光七年（1827 年）
原石尺寸：高 35 厘米，寬 57 厘米
石存地點：三門峽市湖濱區交口鄉富村玉皇廟

修築波池是序

波池者，村脉之餘氣，大有益於人畜也。想先輩設立原爲此耳。近私心之徒，不時取土雕剜，以致年年旱乾，不惟無益于人畜，大有傷乎村脉。鄉保張福元、趙存知不忍坐視，遂舉頭目，糾合村人修理，□□数日成功，立定規式于後，是爲記。

俟後再有人私起池者，罰錢五百文。若淤漫泥厚，衆議錢文，不得混起。如恃强不遵者，着鄉保禀官重處，決不寬恕。

郡耆老張永孝撰并書。

再序：嘉慶二十年歲次乙亥九月二十日亥時地震。道光七年歲次丁亥二月二十六日戌時地震。四次地震，高岸爲谷，深谷爲陵，塌壞房窑，斃死人民，不可勝数，示後人知之。

管功人：何宗孟、趙得寿、張文遠、鄧朝發、張秉元、刘永仁、鄧朝銘。

時道光七年孟秋月立。

清（三）

389. 南灣穿井碑記

立石年代：清道光八年（1828 年）

原石尺寸：高 115 厘米，寬 52 厘米

石存地點：安陽市林州市東崗鎮楊家寨村湯王廟

〔碑額〕：流芳

南灣穿井碑記

盖聞孟子有云，民非水火不生活，則水乃生民日用之切要也。如我楊家寨村累世缺水，往取艱辛，其勞苦不可勝數矣。有今村楊天增糾合衆村從公議處，將村南灣中穿井數丈，已及於泉，雖不能充其費用，亦可以少補其不足耳。故此刻石，以垂不朽云。

儒童楊明倫撰，儒童楊開成書。

社首楊天增二千九百三，庫首周大才一千一百四，楊開元一千一百六。元增興一千廿文。買辦：楊春元一千七十，楊作良九百五十，楊聚林六百九十，黃見山一千二百八，黃見濟一千六十。管工：韓大魁五千四百六，李士付七百八十，楊文魁一千七十，楊文山一百文，楊文紹五百二十文，楊三讓一千八百五，楊松山七百八十文。楊開從二千四百一，黃口銀一千四百八，楊作口八百一十文，楊殿秋一千七百五，楊大口一百二十，楊志春一百五十文，楊作伏七百五十文，楊天順二千九百四十，楊天興一千四百二十，楊开國八百八十文，楊开名二百三十，楊彥寶一百六十，楊興亮五百二，黃要中六百三，黃要法七百四，黃要名三百四，楊云口八百八，楊士待二百五。楊三相七百九，楊興安六百七，楊興標九百，楊作才四百五，黃要旺九百，楊法朝二百，楊興榮一百，楊松林七百八，黃治付六百四，韓天貴七百五，韓天付四百一，韓文元二百三，韓文旺五百七，黃要林五百二，黃增成五百二，黃要珍五百五，李士口四百七。楊法成六百四，楊起才五百一，楊三多一千七百二，楊法林七百六，楊松龍二百五，楊玉貴四百九，楊興才一百，楊玉力八百四，黃要得一千四百五，楊九彔一百，楊玉名七百，楊興貴五百五，楊九章三百四，楊九賣四百八，楊九和三百五，楊法春三百，楊九伏二百四。楊九周三百二，楊萬春六百八，楊名倫五百二，楊名迢七十文，韓大成六百七，韓大良二百，韓大秋四百，韓大儒一百二，韓戌口四百二，元得保三百，元增保三百五，元增貴三百七，元增太一千八十，楊玉功一百四十，郭名林七百五，石玉全一百二，楊春興四百二，楊玉林一千八百，楊九榮四百二。楊安春六百三，楊作積七百九，楊法興一百二，楊法美一百六，楊法保一百六，楊法春四百，楊作保五百，楊聚良二千二百五，楊玉法一千八百廿，楊昭春八百七，楊林春八百六，楊時春二百四，楊文聚二百五，口廷春九百，黃至倫一百，黃至平一百五，黃見何一百五，楊文朝一百四十，楊作標一百六。李九法一百，高貴旺四百，楊萬吉二文，楊子都一百，楊九名一千一百一，楊文舉二百，楊萬全三百，楊文法五十，楊萬倉四百四，楊萬良二百二，楊萬有六百三，楊萬林一百五，元增榮一千三百，元景龍一百七，元增保三百三，楊春發一千五百四，楊萬水四百九，黃見功一千六百六，黃見寬一千四百廿，呂其元二百文。黃要云五百八，楊青林四百八，楊青付一百五，楊全安四百四，蘇廷秋三百七，楊玉蘭三百，楊九山三百卅，楊九成三百六十，楊九得二百八十，楊九魁三百六，楊大言五百五，黃成金三百廿，黃至臣卅文，黃至艮二百四十，黃見文五百九十，黃見寧一千七百六，黃見奉八百二十，黃見和八百四十，黃克明一千三百九，黃見良七百六。黃

成榮三百五十，楊作萬四百四，楊九法六百卅，楊作□七百四，楊邦興五百六，楊大興一百五，楊青山四百廿，楊开大五千八十，楊興全二百八，楊興付二百六，楊大山六百廿，楊天青一千卅，馬玉得八百六十，□玉全六百九，□玉有三百九買於社內，楊春發其地一分四厘使錢十四千文，以銀作價。

　　石匠：□喜花、常玉中。□井先生：李乙清。

　　共攢錢一百一十二千九百一十七文，共使錢一百一十五千四百七十文。

　　道光捌年二月十五日立。

南灣穿井碑記

蓋聞盆子有云民非水火不生活刻

楊永寨村累世缺水往取艱辛其勞

斜合眾村從公議慮將村南灣中穿

賀用亦可以補其不足欲其年歟此

……（下列楊氏諸人捐資姓名、錢數）……

楊開元　　錢……文
楊……　　　……
……
楊作興　才四百……西
楊法成　……四百
楊起才　五百
楊三多　……一百
楊名倫　五百二
楊萬春　六万八百
楊名遇　七十文
楊安春　……
楊法林　……

《南灣穿井碑記》拓片局部

390. 重修衛源廟碑記

立石年代：清道光八年（1828 年）
原石尺寸：高 256 厘米，寬 95 厘米
石存地點：新鄉市輝縣市百泉衛源廟

重修衛源廟碑記

國家惇崇秩祀，凡名山大川之在郡邑者，歲時命有司虔恭將事，所以答神庥、重祀典也。四瀆之在中州者有二：曰淮、曰濟。然濟發於懷，旋已伏流，而淮入於河。獨衛源爲河北巨鎮，興雲降雨，澤沛四方，附泉良田數千頃，咸資灌溉。而下流合丹、淇諸水，自臨清而北至直沽，會河入海，迤委千餘里，通漕濟運，千艘銜尾，以達神京。水德靈長，尤非僅一州一邑之利賴已也。考縣志，廟始建於隋，加封徽號，爵同王者。歷唐宋元明，迄我朝康熙三十四年歲次乙亥，相繼修理。乾隆十五年歲次庚午，翠華臨苾，宸翰親頒山川焜曜，迨兹幾百年矣。道光五年，前令監利仙舫游君憫其日就頹敝，與今儒學梅坪郭君、艮齋璩君及城守范君、主簿金君、典史姚君共謀，所以新之，捐廉倡修，眾紳樂附。不逾時而正殿、大門均已告成。適游君以憂去，丙戌春余承之斯邑，展事廟中，周覽循視，尚有西廡及鐘鼓兩樓傾圮，御碑亭亦就剝落，與夫像設之未整、丹艧之未施，是皆不可不亟爲興飭者。爰召紳耆，捐俸以爲之導，亦皆踊躍樂從。遂鳩工庀材，閱五月而蕆事，飛甍舒翼，俯鏡清泉，紺闕凌雲，仰規碧巘，靈居肅秘，神貺宣昭，歲比有秋，灾癘不作，亦可見天人感應甚微而至速矣。夫妥神以爲民祈福，補前人未竟之功，皆守土責也。而諸紳耆恪恭執事，寒暑勿懈，亦有可嘉者。爰書其事於石，其樂捐姓名并工費若干，詳記碑陰，爲後來者留意焉。

賜進士出身知衛輝府輝縣事前內閣中書貴筑周際華撰文，捐廉叁百兩。賜進士出身知福建將樂縣事調署惠安縣羅源縣充丙子戊寅己卯同考官前輝縣知縣楚北游昌廷捐廉貳百叁拾兩。敕授修職郎己酉科選拔衛輝府輝縣教諭林廬郭士冠捐俸拾兩。敕授修職郎庚申科舉人教諭衛輝縣訓導安陽璩輝捐俸拾兩。衛輝營分防駐防輝縣城守營把總河內范照麟捐銀陸兩。衛輝府輝縣管河主簿金守仁捐銀捌兩。衛輝府輝縣典史姚濬捐銀貳拾兩。歲貢生保舉孝廉方正秦炳書丹、總理工事賬務捐銀拾貳兩。

總理工事：生員陳嘉謨捐銀捌兩，貢生段大侖捐銀拾兩，李霪捐銀壹兩。采買：武生李方聽監理工事捐銀拾兩，監生朱錦章捐銀拾肆兩，貢生張登蓮捐銀柒兩。管賬：監生朱九圍捐銀四兩，武生林鑑捐銀六兩。監工：武生鄭世英捐銀四兩，生員高百川捐銀八兩，監生牛振聲捐銀八兩，增生張兆芳監理賬務捐銀三兩，州左堂孫寅弼捐銀七兩，武生池百亭捐銀八兩，增貢張之岐捐銀十六兩，武生王作相捐銀廿兩，武生劉養中捐銀二兩，王畿、鄭三多。

耆老張宏德鐫字。

大清道光八年歲次戊子三月中浣穀旦。

391. 重修天仙聖母廟記

立石年代：清道光九年（1829 年）
原石尺寸：高 170 厘米，寬 67 厘米
石存地點：焦作市博愛縣金城鄉薛村

〔碑額〕：皇清

重修天□聖母廟記

天仙聖母廟，在薛□□東西兩社之中，相傳以□□唐□□南石門五村所共奉，故五村之人至今稱社親焉。廟之東北里許有井名□聖井，每大旱輦神駕，臨井淘之以求雨，求輒應。余幼時即知之。但歷年久遠，廟貌非舊，□前明萬曆四十七年重修之後，至今□存正殿、拜殿名目而已，棟宇傾欹，幾不忍目。□村人士相與爲重修之計，□欲增其貳□，慮工巨而難以□舉也，因公推本村太學生趙君子泰督其事，二十餘人贊襄之，建議於每歲□□□按畝以□□本社有蓄儲□後可□捐于□唐等村及西□□士以爲助，議既定，眾皆翕□從之。每收麥輒歡欣爭□出，廟事有當議者，莫不踴躍□赴，不數年捐錢至百萬有奇，而社親及鄰村善士亦各發願捐資，以襄厥事。于是重修正□四楹，拜殿四楹，創修山門四楹，殿後左右道院各六楹，戲□八楹，又特買地二十餘畝，以爲住持供奉香花之資。□始于道光五年夏,落成于八年冬。功竣勒石,求記於余。余維水旱無常，以聖母之靈，有禱輒應，誠所謂禦□捍患者，更新其廟也□哉。獨思薛家村僅百餘家耳，似此工程浩大，聞者以爲難，乃同心竭力捐資，又率社親并□村善士共成其事，□□殿宇穹隆，規制完備，較之於昔更加勝焉。非村人士各有誠心，何克致此？余心悦其事，故備述之，以爲世之□公者□。

武陟縣學生員韓如梅撰文，武陟縣學生員邢□屏書丹。

執事太學生趙子泰，幫辦登仕郎王自文、閆朝棟、薛士英、趙子清、史永堯、趙廷明、侯君成、閆朝柱、崔明全、閆朝瑞、趙廷文、簡公沛、侯君禄、閆公壽、趙廷學、趙大榮、閆公秀、史九皋、閆鳳鳴、閆朝貴、閆朝奉、侯大興、孟金龍。

石工王中善、王中矩鐫。

道光九年歲次己丑十月朔日。

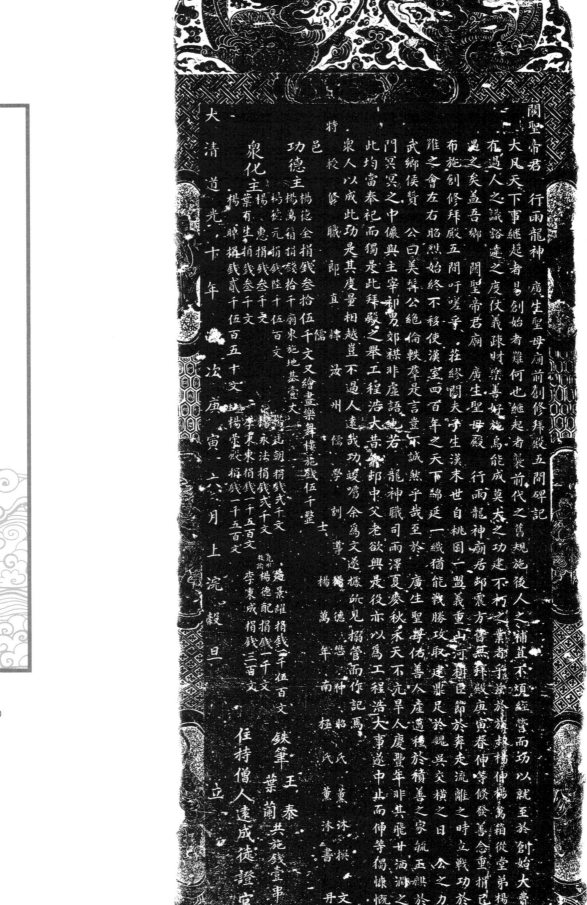

關聖帝君
行雨龍神 廣生聖母廟前創修拜殿五間碑記

大凡天下事繼起者易創始者難何也繼起者襲前代之篤規施後人之補葺不煩經營而功以就至於創始大費揭在過人之識踰違之度仗義疏財樂善好施鳥能成焉太之功建不朽之業都弟楊於族叔楊伸楊萬箱從堂弟楊遇之矣吾鄉關聖帝君廟廣生母殿行雨龍神廟居郊震方會無拜殿廣遇寅春伸等候發善念重捐貲財布施創修拜殿五間關聖帝君廟廣生聖母殿行雨龍神廟一盟義重山河榭已節於奔走流離之時立公之力難之會左右昭烈始終不移使漢室四百年之天下綿延一線猶能戰勝攻取建粟足於觀吳交橫之日公居戰功於修

武鄉侯贊公曰美哉公絕倫軼群是言豈不誠然于哉至於廣生聖母佑善人產萬種善之家於積之家瓠門冥冥之中儀與主宰都勇郊祺非虛語地若龍神職司雨澤夏秋承天不亢旱人慶豐年非其力甘酒淵

特校驗職郎直隸士

泉人以成脩此功是其度量相越豈不過人遠我功遂嚮余為文遂中其而伸等猶慷慨好
眾人以成脩此功是其度量相越豈不過人遠我州邨學訓士楊德萬年南極

邑
功德主 楊德全 捐錢叁拾伍千文 又繪畫樂舞橫施戲伍千堅

功德主 楊高箱 捐錢拾千束施地基壹大

化主 葉有生 捐錢陸千伍百文

泉化主 楊德元 惠捐錢叁千伍百文

趙景雄 捐錢一千伍百文

起朝 捐錢貳千文
永法 捐錢戌二千文
楊德配 捐錢二千文
李東成 捐錢一千二百五十文
亳州 放師 楊德配 捐錢一千文
李東成 捐錢三百文

鐵筆 王泰
葉蘭 共施錢壹串文

住持僧人遠成 徒證官 立

大清道光十年 歲次庚寅 六月 上浣 穀旦

392. 關聖帝君行雨龍神廣生聖母廟前創修拜殿五間碑記

立石年代：清道光十年（1830 年）
原石尺寸：高 186 厘米，寬 70 厘米
石存地點：洛陽市伊川縣鳴臯鎮楊海山村關帝廟

關聖帝君行雨龍神廣生聖母廟前創修拜殿五間碑記

大凡天下事，繼起者易，創始者難。何也？繼起者襲前代之舊規，施後人之補苴，不煩經營而功以就。至於創始，大費竭□，□有過人之識，豁達之度，仗義疏財，樂善好施，烏能成莫大之功，建不朽之業者乎？兹於族叔楊伸、楊萬箱，從堂弟楊德元□遇之矣。盖吾鄉關聖帝君廟廣生聖母殿行雨龍神廟，居村震方，舊無拜殿。庚寅春，伸等倏發善念，重捐己資，□□布施，創修拜殿五間。吁嗟乎，莊繆關夫子生漢末世，自桃園一盟，義重山河，樹臣節於奔走流離之時，立戰功於時□□難之會，左右昭烈，始終不移，使漢室四百年之天下，綿延一綫。猶能戰勝攻取，建鼎足於魏、吴交横之日，公之力居□□。武鄉侯贊公曰：美髯公絶倫軼群。是言豈不誠然乎哉？至於廣生聖母，佑善人，産邁種於積善之家，毓玉麒於修□□門。冥冥之中，儼與主宰祁男郊禖，非虛語也。若龍神職司雨澤，夏麥秋禾，天不亢旱，人慶豐年，非其飛甘洒潤之力，□□此均當奉祀。而獨是此拜殿之舉，工程浩大，昔年村中父老欲興是役，亦以爲工程浩大，事遂中止。而伸等獨慷慨好施，□衆人以成此功，是其度量相越豈不過人遠哉。功竣，囑余爲文，遂據所見，搦管而作記焉。

特授修職郎直隸汝州儒學訓導楊德懋仲昭氏薰沐撰文，邑儒士楊萬年南極氏薰沐書丹。

功德主：楊德全捐錢叁拾伍千文，又繪畫樂樓施錢伍千整。楊萬箱捐錢拾千，廟東施地基壹丈。

衆化主：楊德元捐錢陸千伍百文，楊惠捐錢叁千文，葉有生捐錢叁千文，楊㬢捐錢貳千伍百五十文，楊廷朝捐錢貳千文，楊永法捐錢貳千文，李秉東捐錢一千五百文，監生楊荣殿捐錢一千五百文，趙景耀捐錢一千五百文，光州教諭楊德配捐錢一千文，李秉成捐錢三百文。

鐵筆王泰、葉蘭共施錢壹串文。

住持僧人遠成，徒證官。

大清道光十年歲次庚寅六月上浣穀旦立。

輪流澆田碑記

從來天下事莫不有規矩繩墨者一定而不易焉不
可無也無規矩則無定例評爭措故至於鬭毆
豈其典章家破錢財傷人躲命所
競可寫村矜流灌田公議洪規法則隨時制宜現以
叫摇村矜流灌年不說為議洪規法則隨時制宜現以
法定例遠年不說為議洪規法則隨時制宜現以
日百三渠湮分午與外村分老洞永本村矜十
由三日三渠湮分上中下滑向上碑及俗村不規
亦里近及年時輪看輪看向上碑及藤厚且
記仁而非云陋邪勿相爭競不失前華諸碑右永垂
新後人以和睦刀百鄉規兌為莴善勒諸碑右永垂
茶接村逐十月之官水刀為潤家之水水分下中上下半
逢至午中是自年全賊上渠均晚至明時殘如外什
學木如是毛徐學月利之當事花賽錢交涂村同
德换地此刀為農理母得時殘如外什

當事人王翼
行菏渠長

李翼鵬
楊如松
張芬
張起瑞

胡文蘭
楊宗曾
張起全

道光拾年仲冬月穀旦　合村仝立

393. 輪流灌田碑記

立石年代：清道光十年（1830 年）
原石尺寸：高 44 厘米，寬 50 厘米
石存地點：洛陽市宜陽縣香鹿山鎮牌窰村關帝廟

輪流灌田碑記

從來天下事，莫不有規矩。規矩者一定而不易，萬不可無也。無規矩則無定例，無定例則滋争端。然而争競豈其可乎哉？輕以敗風俗，重以傷人情，甚至鬥毆叫罵，興訟不息，□破錢財，争競爲害，何可勝道？所以牌堖村輪流灌田，公議法規法則，随時制宜，規□随法定例。遠年不説，自庚午與外村分老河水，本村十日有三，三日三渠，渠分上中下，灌田自上而下，地塊亦由近及遠，平時輪塊，旱極輪香，向來牌堖村不敢言，里仁亦非云陋。地既立下法，既定有規，各宜尊時下法制，守當前規矩，勿相争競，不失前輩之醇厚，且新後人以和睦。乃曰鄉親，是爲萬善。勒諸碑石，永垂不朽。

□逢十日之官水，乃爲潤渠之水，水分下中上，下渠自早至午，中渠自午至晚，上渠自晚至明。本村如是，至於與外村，更當遵理，毋得恃强。如外村與本村恃强不論理，致成官事，花費錢文，合村同心同德，按地畝爲出爲收。

渠長：李翼鵬。管事人：楊如松、張芬、王貴賓、張蔚、牌起行、胡文炳、楊文蔚、牌起全、張宗曾、牌起瑞。

道光拾年仲冬月谷旦合村同立。

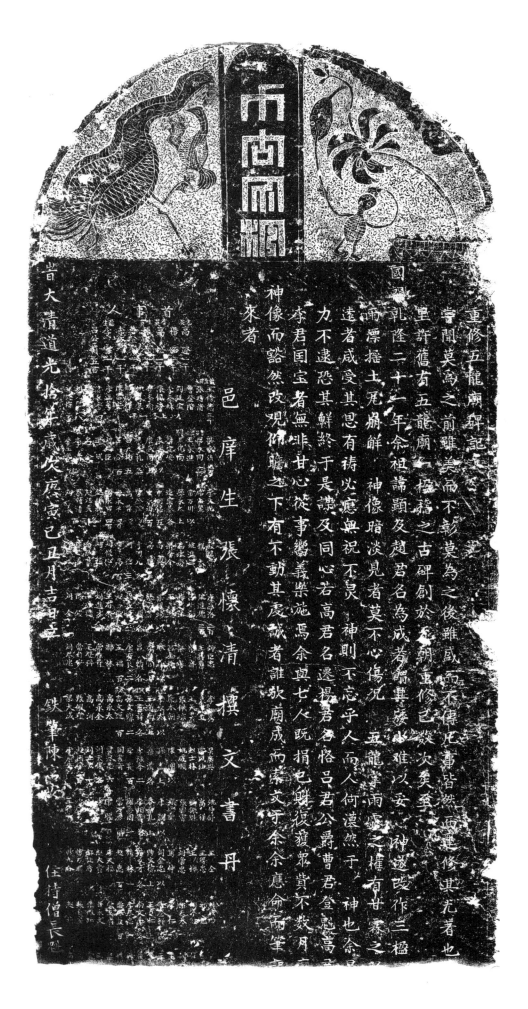

394. 重修五龍廟碑記

立石年代：清道光十年（1830 年）
原石尺寸：高 122 厘米，寬 58 厘米
石存地點：洛陽市汝陽縣柏樹鄉五龍村五龍廟

〔碑額〕：千古不朽

重修五龍廟碑記

嘗聞莫爲之前，雖美而不彰，莫爲之後，雖盛而不傳。凡事皆然，而建修其尤著也。……里許，舊有五龍廟一楹，稽之古碑，創於元朝，重修已數次矣。至國朝乾隆二十一年，余祖諱顯及趙君名爲成者，謂其矮小，難以妥神，遂改作三楹……雨漂搖，土瓦崩解，神像暗淡，見者莫不心傷。況五龍掌雨露之權，有甘霖之……遠者，咸受其恩，有禱必應，無祝不靈。神則不忘乎人，而人何漠然于神也。余……力不逮，恐其鮮終，于是謀及同心，若高君名遷、楊君名恪、呂君公爵、曹君登魁、高君……李君国宝者，無非甘心從事，嚮義樂施焉。余與七人既捐己財，復獲衆資，不數月……神像而豁然改觀，仰瞻之下，有不動其虔誠者誰欤！廟成而索文于余，余應命而筆記……來者。

邑庠生張懷清撰文書丹。

首事人：耆英高遷一千，楊恪一千，耆英高松一千，生員張懷清一千，曹登魁一千，李盛舉一千，監生李燦一千，呂公爵五百。

監生王修德三千。從九張持清、曹登階、刘廷寶、李學林、張佩琇、李學瑜、姚□來、姚鳳祥、陳留安、李正萼，以上各一千。梁永言四百。刘光照、寧廷梅八百。梁永法五百。耆英梁永同六百。監生王永進、生員王化南、梁定安、康東信、康夢周、梁元禮、呂梅、呂合、刘廷臣、王斌、呂全、李貴、李玉光，以上各五百。李文光、常占鰲、常萬川、孫永太、遠宗基、監生申明德、申永法、曹登陞、高哲，以上各五百。常永平四百。刘永官四百。趙□新、趙法美、秦輔清、刘義各三百。程廷章、程太、姚進三、高永慶、梁有、高典、高朋、李明元、刘德、刘悅心、刘愷、布成章、康世華，以上各三百。康夢洛三百。姚進德三百。呂和、梅之法、王□、張所珍、張雷書、黃順、梁化禧、趙俊、王有來、刘進才、王□德、陳鎧、刘全，以上各二百。刘臣忠、王得爵、柴潘、柴芳、呂金杓、耿喜、李進官、呂灼、李有良、王福、郝林、常秉貴、毛登科、常自安、刘盡忠，以上各二百。李秀、袁立、王天芳、張佩琮、康本朝、監生李永太、王道南、武生王書祥、張文燦、耆英高文運、高永太、高永全、高河、張佩瑾、梁大成，以上各二百。吳廣興、常鳳仙、趙士林、姚成順、陳明、孫傑、孫漢、李豫學、李實，以上各二百。周書奇、霍盡忠、刘天保、刘止辰、趙國□、李廣生六名一百。姚仲舒、高祥、楊振魁、張雲霄、張函鵬、李朝、谷希孔、李相書、謝夢周、常萬秀、常聰、李□□、李□□、王猶□，以上各一百。王全、王得忠、王梅、刘常忠、馬仲、刘全忠、張文德、張文才、張林、趙惠、李天福、趙大貴、郝廷秀、張萬順、張九合，以上各一百。刘成功、郝□、何學魁、郎天太、李仁、王登科、王仁、胡文忠、李盡忠、常義、常玉廣、孫永太、張佩珩、張自安、趙楨、□□□……

鐵筆：陳富安。住持僧：長魁。

時大清道光拾年歲次庚寅己丑月吉日立。

395. 重修河大王廟碑

立石年代：清道光十年（1830 年）
原石尺寸：高 145 厘米，寬 56 厘米
石存地點：洛陽市伊濱區諸葛鎮西棘針村

〔碑額〕：大清

重修河大王廟碑

洛陽東南路伊水南東西棘針庄之間，舊有河神廟，世遠年湮，風雨剝落，所闕修葺焉。忽有宋君太山字洛書者與執事王萬鈞枚户暨橋社人等共議鳩工庀材，因其故址而修之。廟貌神像遂煥然聿新矣。余游學於伊闕南之彭鎮，其里人爲余道善重修之由，於以知修德者必獲報，積善者自成名。當道光四年夏歲大旱，君目睹心感，量於地之高下，知其可以引渠溉田也。爰同諸父老□詣□河神祠而禱焉。擇吉日□□石築土，執畚荷鍤，……撓阻，爲□□奮然□督工……

龍飛道光十年……

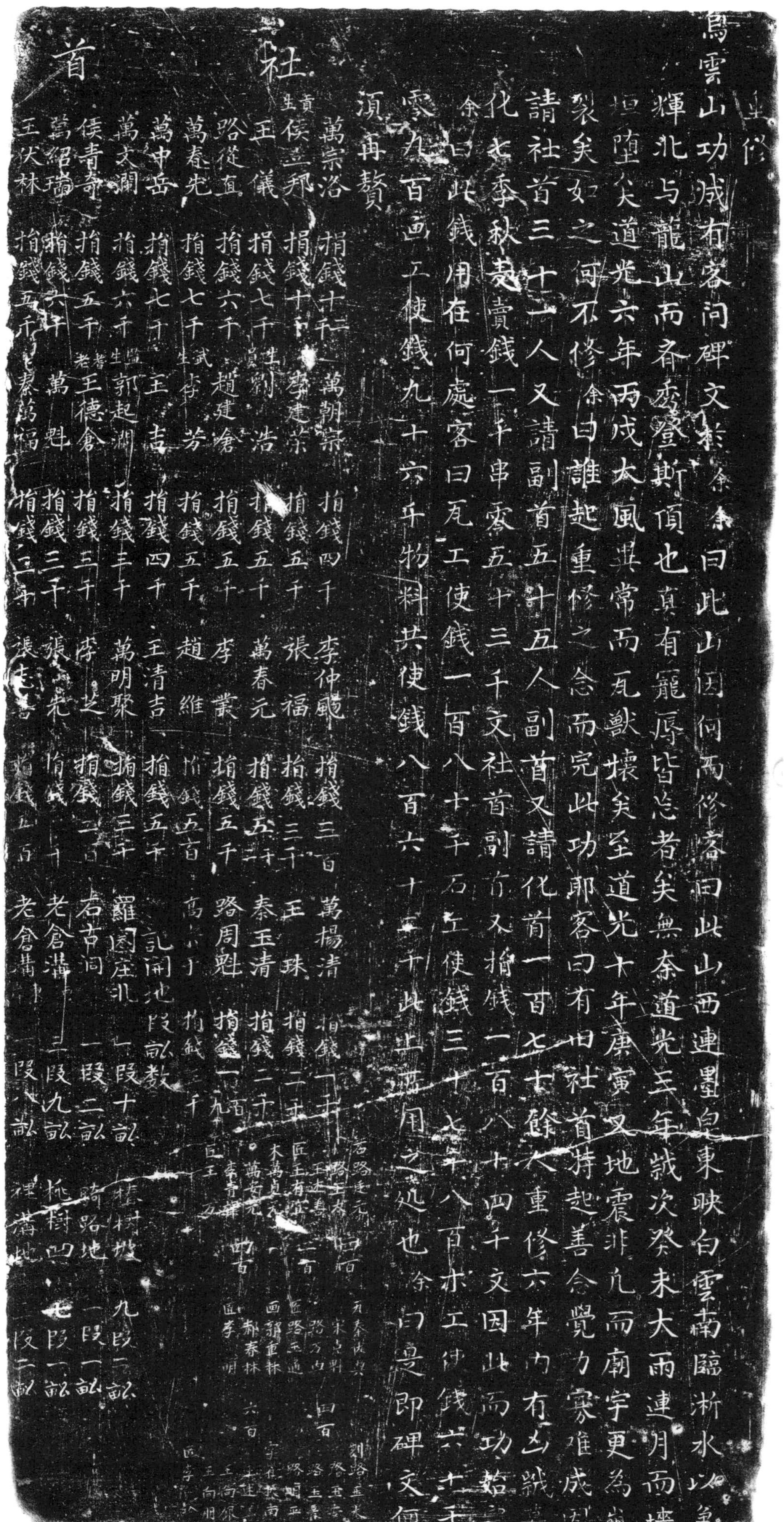
重修
烏雲山功成有客問碑文於余余曰此山因何而修客曰此山西連疊皂東映白雲南臨淅水以爭
輝北与龍山而齊秀登斯頂也真有寵辱皆忘者矣無奈道光三年歲次癸未大雨連月而墻
垣墮矣道光六年丙戌太風甚常而瓦獸壞矣至道光十年庚寅又地震非凢而廟宇更為崩
裂矣如之何不修余曰誰起重修之念而完此功耶客曰有田社首持起善念覺力寡难成因
請社首三十一人又請副首五十五人副首又請化首一百七十餘人重修六年內有出錢
化七季秋麦賣錢一千串零五十三千文社首副首又捐錢一百八十四千文因此而功始完
余曰此錢用在何處客曰瓦工使錢一百八十千石工使錢三十七千八百木工使錢六十二千
零九百畫工使錢九十六千物料共使錢八百六十二千此上所用之處也余曰是即碑文何
須再贅
社首
萬崇洛 捐錢十二千
侯益邦 捐錢十千
王儀 捐錢七千
路從直 捐錢六千
萬春先 捐錢七千
萬中岳 捐錢七千
萬文瀾 捐錢六千
侯青奇 捐錢五千
萬紹瑞 捐錢六千
王伏林 捐錢五千
萬朝宗 捐錢四千
李建榮 捐錢五千
劉浩 捐錢五千
趙建倉 捐錢五千
李芳 捐錢五千
王吉 捐錢四千
郭起瀾 捐錢三千
王德倉 捐錢三千
萬魁 捐錢三千
秦萬福 捐錢三千
李仲廳 捐錢三百
張福 捐錢三千
萬春元 捐錢五千
李叢 捐錢五千
趙維 捐錢五百
王清吉 捐錢五千
萬明聚 捐錢三千
李芝 捐錢二百
萬揚清 捐錢一千
王珠 捐錢二千
秦玉清 捐錢二千
路周魁
記開地段畝數
羅園庄北 一段十畝
右市间 一段二畝
老倉滿 段九畝
老倉溝 段畝
槿樹坡 九段一畝
騎路地 一段一畝
柿樹凹 七段一畝
裡溝地 段二畝

396. 重修烏雲山碑

立石年代：清道光十年（1830 年）
原石尺寸：高 122 厘米，寬 58 厘米
石存地點：安陽市林州市采桑鎮烏雲山

重修烏雲山功成，有客問碑文於余。余曰：此山因何而修？客曰：此山西連墨皂，東映白雲，南臨淅水以爭輝，北與龍山而齊秀，登斯頂也，真有寵辱皆忘者矣。無奈道光三年歲次癸未，大雨連月，而墻垣墮矣；道光六年丙戌，大風异常，而瓦獸壞矣。至道光十年庚寅，又地震非凡，而廟宇更爲崩裂矣。如之何不修？余曰：誰起重修之念，而完此功耶？客曰：有旧社首特起善念，覺力寡难成，因請社首三十一人，又請副首五十五人，副首又請化首一百七十餘人。重修六年，内有凶歲，募化七季，秋麦賣錢一千串零五十三千文。社首、副首又捐錢一百八十四千文，因此而功始完。余曰：此錢用在何處？客曰：瓦工使錢一百八十千，石工使錢三十七千八百，木工使錢六十千零九百，画工使錢九十六千，物料共使錢八百六十二千，此上所用之處也。余曰：是即碑文，何須再贅？

社首：萬宗洛捐錢十二千，貢生侯立邦捐錢十千，王儀捐錢七千，路從直捐錢六千，萬春先捐錢七千，萬中岳捐錢七千，萬文潤捐錢六千，侯青奇捐錢五千，萬紹瑞捐錢六千，王伏林捐錢五千，萬朝宗捐錢四千，李建荣捐錢五千，生員劉浩捐錢五千，趙建倉捐錢五千，武生李芳捐錢五千，王吉捐錢四千，監生郭起瀾捐錢三千，耆老王德倉捐錢三千，萬魁捐錢三千，秦萬福捐錢二千，李仲颭捐錢三百，張福捐錢三千，萬春元捐錢五千二，李叢捐錢五千，趙維捐錢五百，王清吉捐錢五千，萬明聚捐錢三千，李芝捐錢二百，張先捐錢二千，張志善捐錢五百。萬揚清捐錢一千，王珠捐錢二千，秦玉清捐錢二千，路周魁捐錢一百九，高宗于捐錢三千。

石匠：路廷元、路王太二百，王述善、王有宜二百。木匠：萬貞元、萬安先、李青口、王万四百。瓦匠：秦伏興、宋克魁、路万興、路玉通四百。画匠：郭重林、郝春林、李明六百。刻字匠：路玉太、路玉安、路玉長、路明平、崔振南、王述善、王向銀、王向朋、李珍。

記開地段畝數：羅圈庄北一段十畝，石古洞一段二畝，老倉溝西三段九畝，老倉溝東一段八畝，椿樹坡九段二畝，騎路地一段一畝，桃樹凹七段一畝，裡溝地一段二畝。

397. 創修伊河大王拜殿并金妝神像繪畫墻壁碑

立石年代：清道光十年（1830 年）
原石尺寸：高 140 厘米，寬 57 厘米
石存地點：洛陽市伊川縣平等鄉四合頭村

創修伊河大王拜殿并金妝神像繪畫墻壁碑

嘗思神以廟□爲妥，侑廟以拜殿爲藩屏，況又供献之所，拜跪之地也，而顧可無以增修乎？吾村東偏舊有大王廟在焉，乃吾村食德報功，慮瞻仰之無從，募化衆善以創之者也。然瞻仰有所，而拜跪無地，亦豈所以將禋祀哉。適有復興渠出□，盖其地已熟，忽被水冲於道光元年，復爲改□，故其渠號復興。于田之時，往來於廟前，嘖嘖以拜殿爲念，遂□出心願，慨然以創修爲己任。數年以来，水不揚波，五谷豐登，神之爲靈昭昭也。即於是年秋，鳩工庀材，不數日而功告竣焉。□見拜殿崔嵬，神像輝煌，墻壁、棟宇焕然一新，不惟瞻仰有所，而拜殿亦有其地矣。自兹以往，□其永薦馨香於不替，神將長降福禄於無窮也。是爲序。

後學陳安静齋氏沐手撰文并書丹。

監工陳□□、首事陳□□各捐錢三千文。渠丁卯長□人□青選捐錢六千文。渠上王文敬、首事黄全各捐錢三千文。陳廷貴捐錢六千文。□興□捐錢四千五百。唐進玉、王廷用各捐錢三千文。□鼎、陳□、陳法朝、黄貴、杜世元各捐錢三千文。監生陳範、王宗孔、林蔚、王興孝、張世傑、王印、常秀、常富、王進朝、高三元、黄如璨、王金□、王王氏，以上各捐錢乙千五百文。

木工：王□、王□。画工：李□、王文□，以上各捐錢二百文。

附記復興渠地界。其地東界南頭至陳廷貴，北頭至□灘；西界南頭至王亮，北頭至王登□，東頭至王玄棒，西頭至王延貞；北至□□姓。東橫二百五十弓，西橫二百弓，中長三百二十弓。

時大清道光拾年歲次庚寅日纏析□之次。

義學碑記

398. 南賈村義學碑記

立石年代：清道光十一年（1831年）
原石尺寸：高138厘米，寬56厘米
石存地點：焦作市温縣祥云鎮南賈村清凉寺

〔碑額〕：義學碑記

從來莫爲之前，雖美弗彰；莫爲之後，雖盛弗傳。余三叔祖廩生楊泗在生之日，素好讀書，時存推己及人之心，於五村所□之清凉寺設立義學，將自己地字九號十二、十三四區灘地二頃有餘，捐爲義田，以供學師修膳之需。所以五村無力讀書之子弟，莫不裨益焉。惜後十三四區之地被黄流塌没，十一區之地又被損賣，以致學廢事掩，誠可憫矣。余等於道光九年五月十五日，以懇賞明示，以便遵行等情，具禀關天案下。於六月間蒙恩堂訊，將地斷歸義學管業。但刻下止十一區三十餘畝之地頗可耕種，所計籽粒僅供學師紙筆之費。余已禮請學師暫應其典，以全先人之志，俟地收成之日，再爲區處。但余年逾七十餘歲，恐後有無知之子弟復爲損賣，今勒石謹誌，以永垂不朽云。

邑庠生楊士豪、監生明經麟書同立。

大清道光十一年五月二十六日吉旦。

清（三）

973

永垂不朽

399. 觀音堂水旱地畝邊界渠道規矩碑

立石年代：清道光十一年（1831年）
原石尺寸：高194厘米，寬68厘米
石存地點：洛陽市汝陽縣小店鎮趙村觀音寺

〔碑額〕：永垂不朽

觀音堂水旱地畝邊界渠道規矩碑

從來天下□□善創，尤貴善因，盖非創無以基始，非因難於成終也。伊邑東二十五里趙家村南數武清泉山有觀音堂古刹也，創始不紀何年，考之舊碣，皆重修焉。而堂中水旱香火地畝由來雖久，未勒碑石，今同合村首事監生朱煥、監生趙萬□、監生朱坤、監生李琮、耆老李均、趙唐、馬才等，將本堂地畝段落、四至弓尺，以及外荒邊界，悉載貞珉，永作證據，是皆由前人之所創，因之以成其終也。至本堂水地、渠道、稞租、杴工規矩，蒙邑侯張天因訟親勘，頒發□紅諭，以舊規爲定規，使在渠各有所遵。而廟中之基業永固，亦渠上之水利常新。此渠創開嘉慶□年，上有清口取水於關帝廟村之北，下有渠道順流於橋房古灘之旁。渠約数里，地亦数家。引河水爲渠水，利溥汝側；改私渠爲官渠，恩蒙邑尊。自是而地渠皆定，神人共欽。凡渠中之獲利受益者，孰不宜懷甘棠之意，存樂利之思哉！敬鐫諸石，以寄孺慕。

邑侯張天篆道超，字薇卿，楚南人也。董其事者，諸首事與汝州風穴方丈退隱長老真修也。

嘉慶十二年，合村首事……啓請觀音寺僧靜禪人住廟焚修。

復興渠水地一段，坐落趙家村正北，東至李□，西至半至趙青山，半至李運中，南至上半截至張心泰，下半截至南河，北至上截至趙青山，下截至北河。此地南邊東西長三百六十弓九尺五寸。上截自張心泰至支渠，南北寬二十弓，中截自張心泰至趙青山，南北寬一百零九弓三尺二寸，下截自張心泰至北河，南北寬一百五十九弓三尺。

廟四圍旱地一段，東至路，西至路，南至路，北半至學田，半至趙唐。又旱地一段，約三畝，坐落觀音堂後坡，東至大路，西至大路，南至薛姓，北至趙唐。又旱地一段，約有畝餘，坐落觀音堂後坡，東至路，西至張玉懷，南至□姓，北至觀音堂。又旱地一段，畝餘，坐落觀音堂西南坡，東至趙萬章，西至趙剛，南至大路，北至趙登士。又旱地一段，約有二畝，坐落孟家窑溝西，東至溝心，西至李秀，南至溝心，北至溝心。又旱地一段，約有三畝，坐落楊家嶺東北，東至崇盛號，西至大路，南至李秀，北至大路。

首事人：監生朱煥，子庠生懷瑾王樵氏、號瑞庵撰文。監生趙萬選，子廩膳生員環金聲氏書丹。監生朱坤，子□義篆額。監生李宗等，耆老李均、趙唐、馬才，武生趙□民捐地價拾伍仟。

住持僧：廣智，徒侄：緒生、緒法、緒林，孫：貞海、真修、本香、本建、本信、本壽、本盛，曾孫：覺儉、覺墀、覺通、覺博、覺勤、覺禪、覺深，玄孫：昌蘭、昌永、昌和、昌雲、昌遠、昌正。

鐵筆匠：王振宗。

清道光十一年五月穀旦同立。

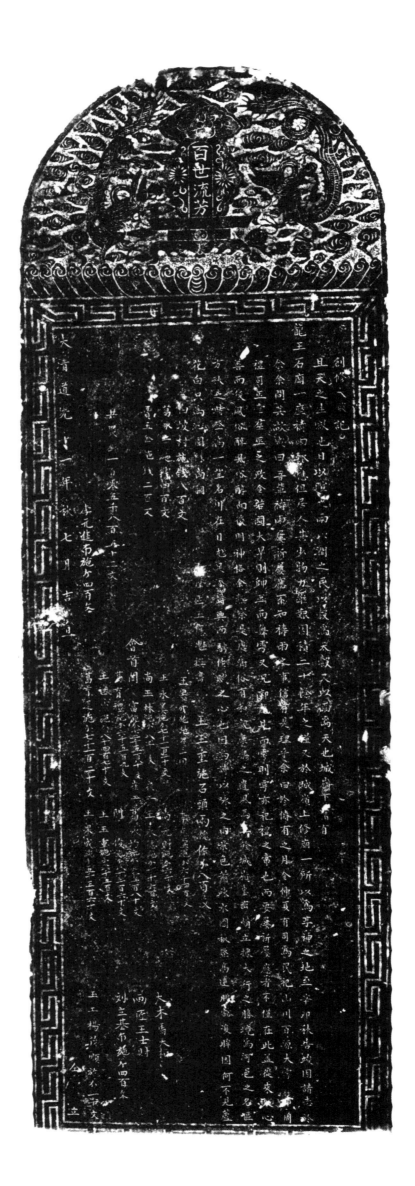

400. 創修大殿記

立石年代：清道光十一年（1831 年）

原石尺寸：高 176 厘米，寬 59 厘米

石存地點：焦作市博愛縣寨豁鄉大底村東南龍王廟

〔碑額〕：百世流芳

創修大殿記

且天之生穀也，日以暄之，雨以潤之，民以穀爲天，穀又以雨爲天也。城嶺下舊有龍王石廟一座，禱雨輒應，但居人甚少，物力維堅，因積二十餘年之糧，又於城嶺上修廟一所，以爲享神之地。至辛卯秋告竣，因請志於余，余問其故，或曰：吾輩禱雨，屢祈屢應，不知禱雨之事，信有是理乎？余曰：於傳有之。《月令》"仲夏"：有司爲民祀山川百源大雩帝。《周禮》：司巫掌群巫之政令，若國大旱，則帥巫而舞雩。又況蛟龍見而雩，則雩亦祀禮之常也。而要屢祈屢應者，不僅在此，蓋從來人心善而後風俗醇，風俗醇而後明神格。余熟察是處鄉俗，有和親康樂之遺風焉。且於城嶺峰巒峭立，據太行之勝境，爲河邑之名區。方秋之時，登高一望，名川在目，尤足添詩興而騁作賦之心也。因爲詩以咏之曰：景色蕭疏水國秋，登高遠眺豁雙眸。因何不見蘆花白，只爲沁園綠尚稠。

修邑庠生王慶魁撰書。

白坡村施錢八百文，葛永辛施錢四百文，賈玉金施錢二百文，共施錢一百零五千八百五十二文。

李元進布施錢四百文，王玉重施石頭兩塊作錢八百文。

會首：王果成施地界二間，王永美施錢七千一百二十文，尚玉林施錢八千文，閆富施錢十二千五百八十文，葛育禮施錢六千五百九文，王世然施錢八千四百七十文，葛育運施錢七千一百十文文，李克寶施錢六千四百文，尚元財施錢六千文，崔工王永德施錢十千六百文，崔工葛水均施錢九千一百八十文，閆俊施錢八千二百六十文，王玉重施錢六千五百文，王果成施錢五千五百六十文。

大木：馬天栢。画匠王士財、刘立基布施錢四百文。玉工楊茂順施錢一千文。同立。

大清道光十一年秋七月吉旦立石。

程公泉

程大中丞□□洛□梓庭安徽歙縣□道光壬午歲春令出撫河南在任六年於教養諸大政雁□中華偶□西泉間水脈流道擇地必得遂相度於稽公泉邀西谷插

甫施流泉全涌廣可數千畝至今利賴之於以見名臣之澤潤□民後慕郵映是宜勒諸石以志弗諼也

道光辛卯夏署河北道事開封府知府存業暨同輝縣知縣周除華蓋立

401. 程公泉碑

立石年代：清道光十一年（1831 年）
原石尺寸：高 200 厘米，寬 73 厘米
石存地點：新鄉市輝縣市百泉風景區

程公泉

程大中丞，名祖洛，字梓庭，安徽歙縣人。道光壬午歲，奉令出撫河南。在任六年，於教養諸大政，靡不畢舉。偶經百泉，謂水脉流通，擇地必得，遂相度於稽公泉迤西，畚插甫施，流泉坌涌，廣淵可數千畝，至今所賴之，於以見名臣之澤潤生民，後先輝映。是宜泐□石以志，弗諼也。

道光辛卯夏，署河北道事開封府知府存業督同輝縣知縣周際華謹立。

清（三）

979

402. 創建文昌閣碑記

立石年代：清道光十二年（1832年）
原石尺寸：高142厘米，寬58厘米
石存地點：洛陽市偃師區山化鎮湯泉村

〔碑額〕：創建文昌閣碑記

湯泉溝即古之杏花溝也。余頃家城內，時嘗游斯土，見其地僻而民安，風淳而俗美，因卜而居焉。蓋……衝有石閣，屹然而峙，曰文□閣，與二三父老游詢，知爲道光元年二月所建，中祀文昌帝君，而兼祀五瘟之神与□所稱齊□□□。□□帝君司天下之文，衡□掌斯人之禄，籍載在祀典，敢不敬歟？而五瘟分司五行，調燮五氣，一方民無夭札，物無疵癘，皆神之□□□□食之，亦固其所。至於齊火大聖，不知其爲何許人，然父老稱其神最靈，凡值旱魃爲虐，雨澤愆期，村之人必爲壇而禱焉，禱亦輒應，則亦可謂能禦灾捍患者矣。《書》曰：既富方穀。孟軻氏曰：有恒産而後有恒心。然則村人祀帝君而兼祀二神者，得□以雨暘時若，年歲豐稔，疫癘不行，民物安阜，而後可以坐誦書史，以擢巍科而登膳仕歟。抑又聞帝君之神，即周之張仲，詩所云：張仲，孝友者是也，夫道莫大于孝友。帝君之德，既以孝友著，則必能盡孝友之道者，神始祚之以福無疑也。今與父老約，其各以孝友自勉，且各以孝友教其子弟，各視其親，各長其長，緩急相濟，患難相恤，俾一□之風和親康樂安平，而帝君孝友之心，亦怡然慰矣。可乎哉？僉曰：善！遂書而誌之。時道光十二年三月十七日也。

邑增生李振盧謹撰，邑庠生姬夢龍書丹。

首事：廩生周任純錢五百，姬玉堂錢一千，監生丁萬榮錢二千，許發祥錢二千，張元武錢一千，閆三杰錢三百，丁朝俊錢一千，□生鄭東里錢二千，□□李同泰錢一千，□官王□賓錢一千，張福申錢五千，張福合錢三千，王文莊錢二千，穆振東錢四千，閆□孟錢三千，臧克勤錢千五，張文祥錢千五，宋世禄錢一千，□□忠錢二千，滑克立錢三千。

捐錢姓名：王定邦錢一千，李倫義錢五百，范德明、□觀政各二千，刘在奎、馬全順錢各千二。李振奎、□玉潤、王□、監生□□緒、王聯甲、丁中方、張福順、郭在心、張重元，以上錢各一千。房榮福、馬毅、王建富、于清林，各八百。王鳳池、牛金奎、刘誌、王大朋、刘□華，錢各七百。張全忠、馬全香、武永太、□學純、□□□、□希□、戚貞、姬福合、王建一，各二百。□忠、□旺，各二百。王中偉、丁耀南、張福海、鄭法嚴、張玉家、王聖傳、高良玉、陳繼全、宋希文、張中律、刘長發、閆逢太、藺躋周、郭桂林、栗生祥、王士隆、張世全、吳丙辰、楊進福、王天輝、張俊、張彥、寇金榜、陳燦、馬成龍、王東正，錢各五百。鄭西、郭逢義、姬雲錦、曲榮太、張福純、刘富貴、宋德俊、石□動、李英才、張法柱、武東陽，錢各四百。宋雲祚，錢五百。丁天慶，錢七百。張立文、張其昌，錢三百。張元吉、鄭法、郭昇奎、□星文、張元樂、張重慶、閆百福、張珍、張源澗、田繩先、刘法舜、楊金城、藺愚、姚廣臣、宋禄、席永瑞、武太來、吕功、吕振忠、武家林、宋梅、韓堯中、張士禹、武振、姚崇禮、武西陽、張重光、王文明、宋清太、姬太清、張天榜、刘聖傳、刘恒、王三星、李登壽、武金順、董繼進、滑大有、張發財、王培信、宋俊、刘富榮、王文印、王文進、□大文、王正午、張玉修、丁中午、丁海壽、刘玉太、張福德、鄭心、張福禄、王文章、吕信忠、王天壽、張文太、于孔林，錢各□□。李逢□、張王泰、寇文、許呈

祥、秦太昌，各二百五。李國瑞、吕桂芳、栗生花、藺繼楷、王德洋、王文奇、姚崇智、姚崇德、張荣甲、李元福、韓錫爵、刘法文、閆林，錢各二百。周丙辰、王西傳、秦興、□振功、張法堯、張永全、刘申如、王江，錢各一百五。武逢春錢七百。閆三多、王五世，各一百。丁天奎錢三百。任建玉錢一百。

金妝神像信女李单氏、鄭閆氏，各五百。丁張氏、鄭程氏、王刘氏、曲李氏、張張氏、宋陳氏、張周氏、戚宋氏、丁張氏、刘王氏、丁尚氏、武寇氏、陳滑氏、刘趙氏、王張氏、藺席氏、張王氏、藺石氏、王王氏、張張氏、馬和氏、寇王氏、武陳氏、田秦氏、刘根□、李太枝、王功杰、丁源清，共錢四千六百。

《創建文昌閣碑記》拓片局部

403. 移修祖廟記

立石年代：清道光十二年（1832 年）
原石尺寸：高 68 厘米，寬 140 厘米
石存地點：洛陽市宜陽縣香鹿山鎮尋村楚氏祠堂

□□萬物本乎人，人本乎祖。祖廟之建立，所關豈細故哉。上□□□人之□□，□□□後人之拜奠，故時而春也，雨露濡而□□□心生，時而秋也，霜露降而悽愴之情動。有感則祀舉，祀□□□□禮昭，而報本追遠之誠，胥於廟中見之矣。吾家祖廟始創於國初良璽公，後歷蘭丙、有林、榮建、資右、側一、元珩、雲程諸公相繼增修擴大之，而廟乃成。至嘉慶十四年，洛水泛濫，去廟甚近，族人深以爲患，因思另擇佳區，易而移之。適有十一世孫有全捐修祖廟地址一畝六分七厘，十四世孫廷炎捐入木植三間，廟有可修之基，功有可興之具也，豈不善哉！十四世孫日眕等苦志經營，勸族人各出資財，共襄厥事。本年即修正廟三間，後河水愈逼愈近，於二十一年敬遷歷代宗祖木主，先人之靈於是妥，族人之心亦於是安焉。然猶未盡完善也，二十四年，瑞雲、俊升等，復勸族人出資財，增修垣牆、大門、照壁、月臺、甬路，栽植柏樹，以及暖閣、門窗一一油漆采畫，焕然俱新，功至此告竣矣，完且善矣。而尤有踵事繼美者，道光七年，十二世孫夢麒等，又添造歷代官銜牌對、傘扇，以及桌椅等件，無不齊備，則又祖廟之甚善舉也。總之，前啓後承，互相濟美，罔非木本水源之思，繩繩勿替，此非瑣屑臚陳也耶。詳誌之，以示後世不忘云。

邑庠生十六世孫金垿敬撰，太學生十五世孫俊升敬書。

移修祖廟管事人：十二世孫夢麟、夢麒，十三世孫自治、衍慶，十四世孫日眕、克家、超、廷柱、克溫、克儉，十五世孫書文。

前修祖廟所收族人錢文，年遠無考，不能詳載。

續修照壁、大門、垣牆、月臺、甬路、栽植柏樹、油漆采畫及官銜牌對、傘扇、桌椅管事人：十二世孫夢麒，十三世孫來貴、衍慶、來崇、秉春，十四世孫瑞雲、廷柱、瑞華、松山，十五世孫俊升、焕章、坤元、書文、家興、書林，十六世孫建魁、心榮。

續修數次收族人錢文及名諱開列於後：

十一世孫：有橘四千一百文，有盛一千七百文。十二世孫：復安四百文，復尚五百文，夢鳳五百文，夢麒三千五百文，利五百文，龍三百文，昇一百文，喬一百文。十三世孫：元秀七千文，自治四千九百文，山川來有一千文，來同五百文，元年七百文，自貴一千五百文，自林二百四十文，大章九百六十文，來遲三百文，世昌一千三百文，秉春六百文，來貴一千文，來保二百文，元興三百文，來全六百五十文，大儒一千二百文，秉和五百文，來龍五百文，來吉五百文，來仕八十文，來燕二百文，元亮五百文，奉君五百文。十四世孫：廷耀十八千五百文，日眕六千文，西漢三千五百文，廷壽二千三百卅文，西華一千一百文，克興八百文，克榮七百五十文，廷仁四百一十文，克全六百廿文，克銓二百文，廷倫八百文，廷璿三百廿文，廷保六百六十文，福來八十文，南木一千二百文，岐山二百四十文，瑞華五百四十文，廷照七百六十文，廷林三百五十文，宗順五百文，廷德二百九十文，瑞容四百文，廷榮三百五十文，西峰一千二百文，廷用四百文，廷亮七百文，廷居二百文，克行二百文，松山五百文，克敬二百文，克金二百文，西白三百文，天福三百文，克讓四百文，兆德五百文，登雲七百文，廷魁五百文。十五世孫：書經六千文，書卷九千三百文，

清（三）

家彦四百文，俊升二千八百文，景太三千一百文，家相五千文，錦純三千七百文，先覺五千八百文，書文三百文，家興五百文，書山一千文，書漢四百四十文，維行四百九十文，維新七百文，景福三百廿文，金山二百文，書甲二百文，嵩邑書桂一千五百文，聖基一千文，根成三百文，書法六百文，書成二百文，書忠五百文，書印五百文，苟四百文。十六世孫：金垆三千文，心一二千文，復茂三千文，心和一千二百文，建魁三千文，占鰲一千文，心太五百文，心印五百文，心芳五百文，占科七百文，三益三百文，金榜五百文。

共收捐錢一百四十八千一百八十文，接前餘錢六千五百文，收賣木植、地址、杂樹共錢四十六千五百一十文。屢修共使費錢貳佰四十五千貳佰四十二文，積餘利錢三十九千四百七十四文，後積利補錢四千五百七十八文。

大清道光十二年歲次壬辰端陽上浣穀旦。

《移修祖廟記》拓片局部

重修祠堂碑記

本清

404. 黄氏創修祠堂碑記

立石年代：清道光十二年（1832 年）
原石尺寸：高 117 厘米，寬 52 厘米
石存地點：洛陽市伊濱區佃莊鎮酒務村

〔碑額〕：大清

黄氏創修祠堂碑記

　　禮有之，人道親親也，親親故尊祖，尊祖故敬宗，敬宗故收族，收族故宗廟嚴奉先之孝，所係鉅矣。我黄氏金鏞舊族也，明洪武間，始祖敬先公居龍虎灘，歷代簪纓，□綏纍若。自八世祖忠武尉、錦衣衛指揮散官龍崖公，爲誥贈錦衣衛都指揮僉事、昭勇將軍壽軒公之次子，遷居崖望村，於今二百有餘年。明季遭兵燹，後又遇水灾，家廟之有無不可得知。無廟胡以親親？不親親胡以尊祖？不尊祖胡以敬宗而收族？十五世新民有爲人也，向嘗□族督工，爲八世堂祖，後軍督府龍潭公修理碑樓，稱善事焉。兹又於道光三年，與族屬叔侄、兄弟、孫子輩商議，建立我祖祠堂。衆以爲然，咸願各竭其力。十四世宗香進庄基地捌分柒釐餘，十六世恩昌進庄基地貳分餘，以爲基址。於是率作興事，鳩工庀材，不憚勤勞。襄事者則有六丙、養民、兩、六隆、德溫、炳恩、資瑞、榮長、炳有、成申與得位等，□落成在即，獲妥先靈。奈力不如志，重以天不假年，工未告竣，而新民病終，事寢數載，見者愀然。厥弟裕民與厥子恩寵，念父兄之志未成，即子弟之責難已，先神之靈無由妥，斯合族之心俱不安。復於道光十一年春，與族屬重聚商議，皆殫力復奉其資，欲成厥事。啓明獨建大門，恩嵩、汝誠、承春、鳳翔同力辦理，期年之間，祠堂告成，所以親親尊祖敬宗而收族者，胥於是乎在，而春秋匪懈，享祀不替，亦固其所更期，合族親睦，式相好無相猶，庶永妥先祖之靈，盡子孫之道矣。是爲記。

　　十四世甲撰文，十六世梓榮敬書，合族人同立石。

　　道光十二年歲在元戢執徐余月之吉。

流芳百代

脩水池記

405. 創修水池記

立石年代：清道光十三年（1833年）
原石尺寸：高95厘米，寬43厘米
石存地點：新鄉市衛輝市太公鎮郭坡村

〔碑額〕：流芳百代

創修水池記

是歲之春，水池告成，屬予作文，以記其事。曰：人非水火不生活，獨此村苦莫甚矣。老坟東坡边修一水池，大雨時行，清流激團，取之不禁，用之不竭，亦足補天地之所遺也。此非一人一家之力，實郭姓賣山地一分，錢二十千，以爲之者耳。其後又按人與牲口推派人工，竭力不遑，約略計之六七年，共有四千餘工，此池之成也，不已戛戛乎难哉！及至東岸之上，係郭廷選與郭棕兩家之地，恐后有損，賣□地，即將兩家行糧各過出半畝，不害一人，有利人人，烏得不記？予聞言曰：不敏姑即其事以刻諸石，永爲後世公賴□可。

延津邑郡庠生周元福撰文書丹。

管事：郭廷花、郭天德、郭亮、郭成、郭森、郭秀、郭梅、郭□。生員郭泗、郭涵、郭福、生員郭瀛。生員郭廷樞、郭廷楷、郭廷山、郭廷棟、郭廷選、郭廷有。郭月德、郭盛德、郭廷儀、郭廷□、郭□□、郭習生。郭廷榮、郭廷富、郭臣、郭棕、郭相、郭柳。郭楷、郭雙、郭木、郭新、郭周、郭月。郭印、郭輝成、郭植、郭全義、郭九江、郭傑。郭世有、郭世和、郭世順、郭氏堂、郭世恒、郭世玉。郭万朋、郭科德、郭世元、郭順、郭興。

石匠薄見明。

大清道光十三年仲春月吉日同立。

清
（三）

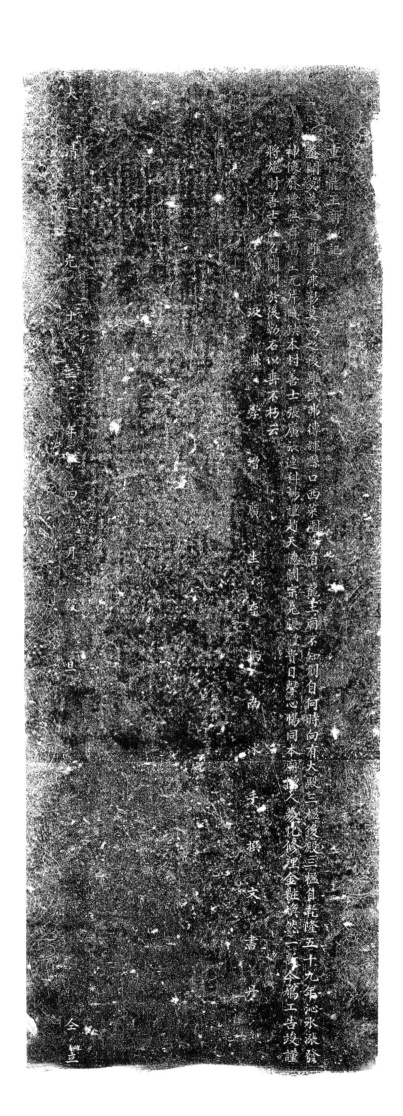

406. 重修龍王廟碑記

立石年代：清道光十三年（1833 年）

原石尺寸：高 231 厘米，寬 70 厘米

石存地點：新鄉市衛輝市城郊鄉下園村

重修龍王廟碑記

蓋聞莫爲之前，雖美弗彰；莫爲之後，雖盛弗傳。輝縣口西菜園舊有龍王廟，不知創自何時，向有大殿三楹，後殿三楹。自乾隆五十九年，沁水漲發，神像廢壞無存，墙壁瓦片殘缺。本村善士張廣、張連科、楊禮、趙天德、閻宗堯、張體貴目擊心惕，同本廟僧人募化修理金妝，焕然一新。今鳩工告竣，謹將施財善士姓名開列於後，勒石以垂不朽云。

汲縣學增廣生李炳南沐手撰文書丹。

（以下功德主漫漶不清，略而不錄）

大清道光十三年四月穀旦同立。

清（三）

407. 重修周武王飲馬泉暨關帝行宮碑記

立石年代：清道光十四年（1834 年）
原石尺寸：高 187 厘米，寬 67 厘米
石存地點：新鄉市獲嘉縣照鏡鎮桑莊村同盟山武王廟

〔碑額〕：垂遠

重修周武王飲馬泉暨關帝行宮碑記

古人經歷之處，每多遺迹，爲後人傳誦不朽。如漢之光武，昆陽一戰，士卒乏水，駐軍於襄城之紫雲山，馬跑其地，甘泉涌出，迄今有馬跑泉之名。裕州之北三十里，又有扳倒井，土人相傳以爲光武飲馬之處，至今兩泉之水清且漣兮，有亭翼然，遂爲游覽勝地。獲邑飲馬池，考之邑誌，在同盟山之側，相傳周武王伐殷之時，駐軍於此，曾飲馬焉。夫飲馬池，曷足异乎？斯泉之甘而美，清而澈，每逢亢旱，鄉之人入王廟禱祀而求焉，取水供奉，雨沛郊原，豈非斯泉之靈乎？然而泉之靈，必有神所憑依而靈者。山之上有武王廟，旁有關帝行宮，歷年已久，委諸榛礫。丙戌秋，予率本邑紳民量力釀金，將武王廟正殿、配殿次第重建完整，而飲馬池各工所費不資，未能一律告竣。兹當年穀順成，紳民郭師顏、蘇步蟾、賀元善等，亦樂於從事，復將關帝行宮修而葺之。山之下飲馬池，周圍砌以磚石，環築花墻，使游覽者撫今思昔，有以知古先王之遺澤不泯也。是爲記。

敕授文林郎河南己卯科同考官獲嘉縣知縣加三級隨帶軍功加四級卓异候陞浙東夏琳謹撰，郡庠廩膳生員郭銘鼎敬書。

首事：蘇步蟾、郭師顏、賀元善、徐福慶、馮保定、楊世卓、郭彝訓、張廷錦、郭銘鼎、吕多福、竇呈彩、沈曰賚、張廷盛、宋九官、王文華、許廷獻、李兆鰲、楊景川同立。

大清道光十四年歲次甲午仲夏下浣吉旦。

清（三）

百泉工兹纪略

苏门山下有泉名曰百泉源高崇名百泉何止

百泉也泉方一顷二十亩有奇为衔

水之所自出深自苑代先俩祠

宇同之以畔闾中州名胜距今八十

为最自乾隆十五年修举此山惟

余祀雕剥代远不提荐目久矣令内

养容萃竹茎芒不顾此泉主人自任立

宾客牵荦此又特之以久得以渐次

成市广发然定壁盖八

岁状此山矣土木之工殊无虑夕而匠

民踊跃夫役散无或形为怨雠者

不觐手於书差役价不虚而工不

贪者於中具有愿年而工反

坚业者於是命价得以偿

鉴随而黠缀余得以偿

工散年之间此力俱萃丈理代

重焉人焉之基有能有力余於此

得不涸之美莆法许倚孙公和啸事音

祠孙亦夫安乐寓亭摄亭耶律音

一座邻竟之茶有一所一高寿清睛

而闲阳金噴玉振公泉白赏园花虹桥

源南报德祠程公之上无遗五而衔

等随以自状美越使邵时有籁窸缘

不俗以东全基堂乞工林

茶誉惟有芒心年是力有非天之寛

寿誉惟有芒心年是力有非天之寛

以果遂

重令余何幸而通其余如不

奏合令余何幸而通其命如不

光绪十四年仲秋月   黑南周际华撰

408. 百泉工竣紀略

立石年代：清道光十四年（1834年）
原石尺寸：高58厘米，寬121厘米
石存地點：新鄉市輝縣市百泉風景區

百泉工竣紀略

蘇門山下有泉源焉，舊名百泉，何止百泉也。泉方一頃二十畝有奇，爲衛水之所自出。環泉者，皆歷代先儒祠宇，間之以亭閣，中州名勝之區，惟此爲最。自乾隆十五年修舉，距今八十餘祀，摧殘剝落，不堪寓目久矣。丙戌春，余宰斯邑，妄以百泉主人自任，立意修葺，甚不欲負此名泉也。繳天之□□□□□，又持之以久，得以漸次□□人……等，以成厥事，庶幾一律□□□然完璧，蓋八年於此矣，土木之工，殊無虛夕，而匠氏踴躍，夫役歡娛，無或形爲怨訕者，不假手於書差，故價不虛糜，而工亦堅實也。余不□會計，幸有髫年友矗基堂者，於工料甚悉，且胸中具有邱壑，隨行點綴，皆求文理，代余力任此工，數年之間，心力俱瘁，而余得以倚重焉。人各有能有不能，余於此事不得不□之矣。前後計修孫公和嘯臺一座，邵堯夫安樂窩、擊壤亭、耶律晋卿祠、孫夏峰祠各一所，萬壽、清暉兩閣，涌金、噴玉、振衣、思賢四亭。又衛源廟、報德祠、程公泉、白露園、飛虹橋等處，百泉之上無遺工，而主人之名□，藉以自狀矣。然使非天之寬以歲月□各憲之樂於成全，基堂之工於部署，縱有是心無是力，有是力無是才，且又奚以觀厥成耶。時有廢興，緣須湊合，余何幸而適逢其會也，不可以不誌。

黔南周際華撰，第五子領敬書。

道光十四年仲秋月穀旦。

409. 公議渠碑

立石年代：清道光十四年（1834年）
原石尺寸：高132厘米，寬60厘米
石存地點：洛陽市汝陽縣小店鎮小寺村

〔碑額〕：公議渠碑

嘗考史書，大禹決汝、漢，排淮、泗，治水之害。東坡築柳堤，通六井，興水之利。是水利有益於人，而古今所以盡力乎溝洫也。前嘉慶三年，生員張清泰、耆英李漢、監生王景灼、張士俊、監生馬進、千總張鳳儀、監生王景泰等，曾闢爲渠，名曰公議，灌田十餘頃，利普桑麻，昭人耳目。奈旱既太甚，堰口乾涸，數年以來，渠盡廢矣。幸天雨連年，河水涌流，天之眷顧斯人也明甚。於是衆議重開。尋故道而疏通，照旧形而築鑿。不數月而水到渠成。向之渠道填塞，泯□無迹者，兹則支幹流通，依然如昨也。首事等属予作文，援筆而爲之歌曰：水流湯湯兮田禾肥潤，黍稷或或兮稼穡如雲。倉箱滿兮三百囷，家室盈兮婦子欣。飲且食兮用靡盡，福祿康兮自天申。列之貞珉，願後人勿忘經始之維艱也。是爲記。

齋奏廳張毓桐嶧山氏撰文書丹。

首事人：李秉泰、姜振楚、武生張心泰、監生王景文、杜宏文、齋奏張鳴玉、王欽、張均、監生張焌、張天眷、張修、監生王鋑、王悦、張明、監生張光宁。

鐵筆匠：孫林。

大清道光十四年十二月初二日穀旦立。

泉源

黔筑樊际华

410. 周際華題"泉源"碑

立石年代：清道光十四年（1834 年）
原石尺寸：高 131 厘米，寬 70 厘米
石存地點：新鄉市輝縣市百泉風景區

泉源。

黔筑周際華。

歸

功德化主

龍飛道光拾肆年歲

重修福安橋碑記

嘗思除道成梁朝廷不無仁政而修橋補路鄉黨
雖盛而弗博者也東趙保街西北隅舊有福安寺
乾隆年間嗣後頃圮而易以木歷姡中歲而又修
忄傷愀然以重修為已任所謂有其舉之莫敢廢
往彼來回同不率由而利有攸往焉假令士林
登顯仕乘輮車駟馬後先而輝映者不一其人
哉其致福而能安也友人囑余為文因援筆焉
其襄其事不兩月而工告竣矣荷慰鳩工克定

萵邑庠　　生員鄴　　生員康
巳庠坐　　　　蕊氏馬
生員　　氏康

張玉金　　　張思矩
張天型　　　　　　　馬永
于煥文　　張
宋如梅　　陳玉舜
張王問
胡三元　　　張王
狼中登
張月德
龔兆敏　　住持僧人

411. 重修福安橋碑記

立石年代：清道光十四年（1834年）
殘石尺寸：高73厘米，寬57厘米
石存地點：洛陽市宜陽縣趙堡鎮趙堡村福安寺

〔碑額〕：□□□歸

重修福安橋碑記

　　嘗思除道成梁，朝廷不無仁政。而修橋補路，鄉黨……雖盛而弗傳者也。東趙堡街西北隅舊有福安寺……乾隆年間，嗣後傾圮，而易以木，歷數十載而又廢……心傷，慨然以重修爲己任，所謂有其舉之，莫敢廢……共襄其事，不兩月而工告竣。猗歟休哉！鳩工庀材……往彼來，固罔不率由而利有攸往焉。假令士林……登顯仕乘軒車駟馬，後先而輝映者，不一其人……哉。其致福而能安也。友人囑余爲文，因援筆而……

　　嵩邑庠生厚澤氏康□□□□，邑庠生健庵氏馬□□□□。

　　功德化主：貢生張玉金施錢七千，監生張思矩施錢六千五百，監生索萬育施錢五千，宋如梅施錢五千，監生胡三元施錢五千，張中立施錢三千，馬文明施錢三千，總理張月德施錢一千，張天型施錢兩千，于煥文施錢兩千，索萬周施錢兩千，宋魁施錢一千五百，張玉田施錢一千，陳舜施錢二千，張克敏施錢二千，監生張榮□監生馬永……

　　住持僧人□□□。

　　龍飛道光拾肆年歲次……

皇清

重修橋樑碑與

張塢四裡村北渡口志載巳久
原欲為經失之計但近來洛水之
苦之辛有張塢村梁君薛萬奇趙君薛鳴盛諸君重修因會通洛之南北大士並一方客
商共議無不慷慨出貲以勤添新橋十九孔鋪板二十丈零六尺一寸新舊共一十三孔
鋪板俱全事發橋成而又恐泉善之苦即車輿水無濟軾之傷一時利濟者莫不頌聲載
道誠盛舉也而彭無以為後勤將勒瑉以垂久遠是皆舉者余嘗
樂為之序云

慶經修草並四裡村趙君薛佩慷慨施地畝前碑所載甚薄
益寬潤橋之物料不給每至十月而興樑不成行者多

歲進士候選儒學訓導束象摆偭書

理分 理 理

段 趙 趙 朵萬奇
豪 朝 米 趙鳴南
詢 進 欽 趙鳴鶴

主 化

王治英

龍飛道光拾伍年歲次乙未春三月上澣

王作棟
楊建權
李鳳鳴
李遇春

王書紳
趙鳴寅
李建遇

徐子順
新建成京群

水經渡
水日茂
周科
周儒
周萬章

裡止在上坡柏西
生武生武
寨里
後後莆慕
院梁天
王殿臣
毅曰

蘆月挂
劉三駁
宋雲苓
王治禮
趙鳴魁
王夫宗

東武對三

郭天禄
趙來德

石匠范新建刻

412-1. 重修橋梁碑記（碑陽）

立石年代：清道光十五年（1835 年）
原石尺寸：高 158 厘米，寬 61 厘米
石存地點：洛陽市宜陽縣張塢鎮凹里村趙氏祠堂

〔碑額〕：皇清

重修橋梁碑記

張塢凹裡村北渡口，志載已久，□□屢經修葺，并凹裡村趙君諱佩慨施地畝，前碑所載甚詳。原欲爲經久之計，但近來洛水漲□，勢益寬闊，橋之物料不給，每至十月而興梁不成，行者多苦之。幸有張塢村梁君諱萬育□□趙君諱鳴盛諸君重修，因會通洛之南北人士，并一方客商共議，無不慷慨出資，以襄厥□。遂添新橋十孔，鋪板二十丈零六尺一寸，新舊共一十三孔，鋪板俱全。事竣橋成，不惟徒步無褰裳之苦，即車輿亦無濡軌之傷。一時利濟者，莫不頌聲載道，誠盛舉也。而又恐衆善之湮没弗彰，無以爲後勸，將勒貞珉，以垂久遠，是皆有可嘉者，余故樂爲之序云。

歲進士候選儒學訓導宋象賢撰併書。

總理：梁萬育。經理：趙鳴盛。分理：趙鳴鶴、趙来欽、段朝進、趙来詢、王治英。化主：張塢：王建權錢一千文。木册關：楊作棟錢五百。文凹裡：趙鳴寅錢五百文。三鄉鎮：李進錢一千文，王書紳錢二千文，武生李鳳鳴錢五百文，李遇春錢四百文。印盒：尚京魁錢五百文，靳建成錢五百文。岳社：徐子順錢一千文。西柏坡：水經渡錢五百文。武生水曰茂錢五百文。上莊：周科錢二百文。庄裡：周萬章錢六百文。寨曲村：周儒錢五百文。前寨：梁天申錢一千文。後寨後院：王殿臣錢五百文。東西嚴遇：芦月桂錢三百文，武生刘三韜錢五百文，宋雲峰錢五百文。查溝：王治禮錢□百文，趙鳴魁錢二百文。龐溝：王大宗錢五百文，郭天禄錢五百文。官地：趙來德錢五百文。各村布施開列於後。

石匠：范新魁刻。

時龍飛道光拾伍年歲次乙未春三月上浣穀旦。

412-2. 重修橋梁碑記（碑陰）

立石年代：清道光十五年（1835年）
原石尺寸：高158厘米，寬61厘米
石存地點：洛陽市宜陽縣張塢鎮凹里村趙氏祠堂

監生趙來□錢十五千，監生趙鳴杰錢六千，趙鳴德錢三千五百。監生全玉明、監生趙來宜、監生趙來宗、誠順典、李雲彩，以上各三千文。元發號、同德號、趙鳴彩、監生趙鳴坤、監生徐玉珂，以上各兩千文。廣盛號、聞喜新盛號、中和號、太和號、監生范樹屏、趙鳴和、趙鳴貴，以上各一千五百文。永生號、永泰號、大生號、李修、永和號、壽民梁萬全、王建林、王顯坤、壽民王建官、王名遠、趙西岳、趙來慶，以上各一千文。趙鳴鹿、趙來珠、王建令、徐文明、王全美、王建秋、馮爾華、尚好生、全建林、全光成、徐占吉、徐子錫、李延緒、段文元、陳喜來、農官陳朝相，以上各一千文。段朝順、趙來慶、趙來昇、趙鳴師、趙來貢、趙鳴蘭、趙鳴春、趙秉中、梁天經、王建鎬、壽民王治多、壽民王建義、王顯亮、王明金、宋振午、宋輝、王萬選，以上各五百文。李延和錢九百五十文，王治平錢八百，致和號錢八百，魁昌號錢八百，周自公錢六百，王顯成錢七百，趙鳴光錢七百。監生劉登雲錢七百。王顯武、王建序、周萬貴、萬全號、元順號、隆盛號、誠正號、長盛號、天太號、萬盛號、元茂號、廣生堂、馮世有、李雲懷、李茂枝、水朝義、水朝太、水天清、劉朝林、劉建鰲、尚全成、王建坤、劉鳳翔、徐彥學、武生徐漸魁、徐明德、賈方平，以上各五百文。梁成懷、梁天有、王重魁、王顯剛、周書元、靳廷林、靳學書、徐天順、李應魁、全應拔、靳卓、靳光成、李珍、全登科、監生賈永貴、劉湯、陳殿魁、奉祀生陳宗學、陳愷表、陳萬寶、陳萬倉，以上各五百文。胡九明、水萬世、王建太、衛元臣，以上各四百文。馬金法尖木四根，王法成尖木四根，張玉年尖木二根，單義尖木一根。楊□林、馮興順、王建柱、段際貴、李子本、王大榮、李景春、全建貴、徐應洛、靳功成、靳敏、王京賢、陳萬全、壽民陳朝選、壽民梁天禮、學錄孔廣昕、孔廣濟、劉耿南、劉永昌、劉好□、劉振、劉希龍、陳萬象、陳萬猷、陳天衢、趙會元、邢德亨、梁成德、天順號、德盛號、林太號、聚魁號、范殿白、仁壽堂、水萬春，以上各三百文。全光緒、郭永祥、郭光拔，以上各二百五十文。王治煥、王建恒、王建楷、壽民梁天橫、王樹德、王明珍、王建廷、趙來賀、趙鐵圈、趙來寧、趙來樸、趙錫娃、趙旺子、趙來臨、王建鳳、王建宰、馮萬順、水李氏、水長安、水培元、水際純、水天祥、水朝舉、水朝漢、水朝江、水際安、宋萬，以上各二百文。宋天邦、全大位、宋雙選、楊魁、劉玉振、貢生宋家賢、王建衢、李興川、趙鳴逵、趙來遠、王新、王顯孟、丁長安、咎桐、黃金榜、賈永義、王者用、王鎖、李應林、徐富魁、陳文章、全光居、徐占鰲、張法、趙成、趙魁剛、趙運、徐成章、楊永潤、梁成雲，以上各二百文。胡長興、陳光容、馮爾昌、趙來貴、尚京世、馬國定、靳學全、趙來法、楊朝林、楊朝全、王京年、徐彥德、徐彥喜、肖落常、永泰李京昇，以上各二百文。趙金娃、趙鳴久、趙來成、楊名會、王顯奇、水際祥、水德合、水曰顯、水曰來、水曰昌、水曰楊、水經富、王安、水曰湖，以上各一百五十文。水際彩、水萬川、全應科、徐秀章、張彥明、李□科、李文華、丁可昇、丁可富、王大中、靳紹德、肖潤，以上各一百五十文。水經有、王顯屏、王建極、李顯瑞、王建相、尚維奇、王廷懷、王明禮、王舉、王萬林、宋雲漢、張來瑞、宋希哲、宋天太、宋作賓、宋良賓、劉三元、劉永和，以上各一百文。王萬明、馬文昌、吳亮、周興林、靳玉成、賈显德、徐富太、徐順章、楊柏富、仝光宣、仝光中、李應學、仝光際、徐福恒、黃繼海、黃繼英、仝群升、韋學平、靳學敏、趙新法、王建喜、胡長明、胡長來、李文德、梁萬保、周龍先、梁萬興、梁萬義、趙宏道、肖天禄、水栓成，以上各一百文。張文德、仝建富、仝建周、周富貴、靳文梅、靳文彩、郭昇高、仝建京、仝建學、仝光盛、陳文順、徐有賢、靳登科、徐祥、徐占乾、靳思盛、仝光周、徐應林、李魁亮、李長相、靳文科、靳紹文、靳學禮、徐丙寅、徐應學、仝曰寅、仝建松、陳文相、李金川、仝建都、仝建仁，以上各一百文。李萬全、徐王德、仝金斗、仝天爵、張和平、仝天禄、仝天魁，以上各一百文。

附記：

按所上錢：張塢上錢十八仟六百六十文，凹裡上錢五十四仟六百五十文，岳社上錢二十六仟三百文，嚴過上錢六仟二百文，三鄉鎮上錢三十八仟一百文，龐□上錢九仟六百五十文，西□坡上錢十仟零五百六十文，印盒上錢六仟七百五十文，查溝上錢八仟零五十文，曲村、前寨、後寨、後院上錢十二仟五百文，官地上錢六仟零五十文，穆册關上錢七仟四百文，上庄上錢三仟文，庄裡上錢一仟一百文。

究所得錢：張塢錢十八仟六百六十文，凹裡錢五十四仟六百五十文，岳社錢十七仟五百六十文，嚴過錢六千二百文，□□錢三十八仟一百文，龐溝錢七仟六百文，西柏坡錢十仟零五百六十文，印盒錢四仟九百文，查溝錢八仟零五十文，官地錢三仟五百文，穆册關錢七仟四百文，上庄錢三仟文，庄裡錢十仟一百文，曲村、前寨、後寨、後院錢十二仟五百文，□□錢□□壹百文，□□三仟柒佰捌拾文……九仟肆佰玖拾貳文，下餘錢拾貳仟貳佰捌拾捌文……再修橋用。

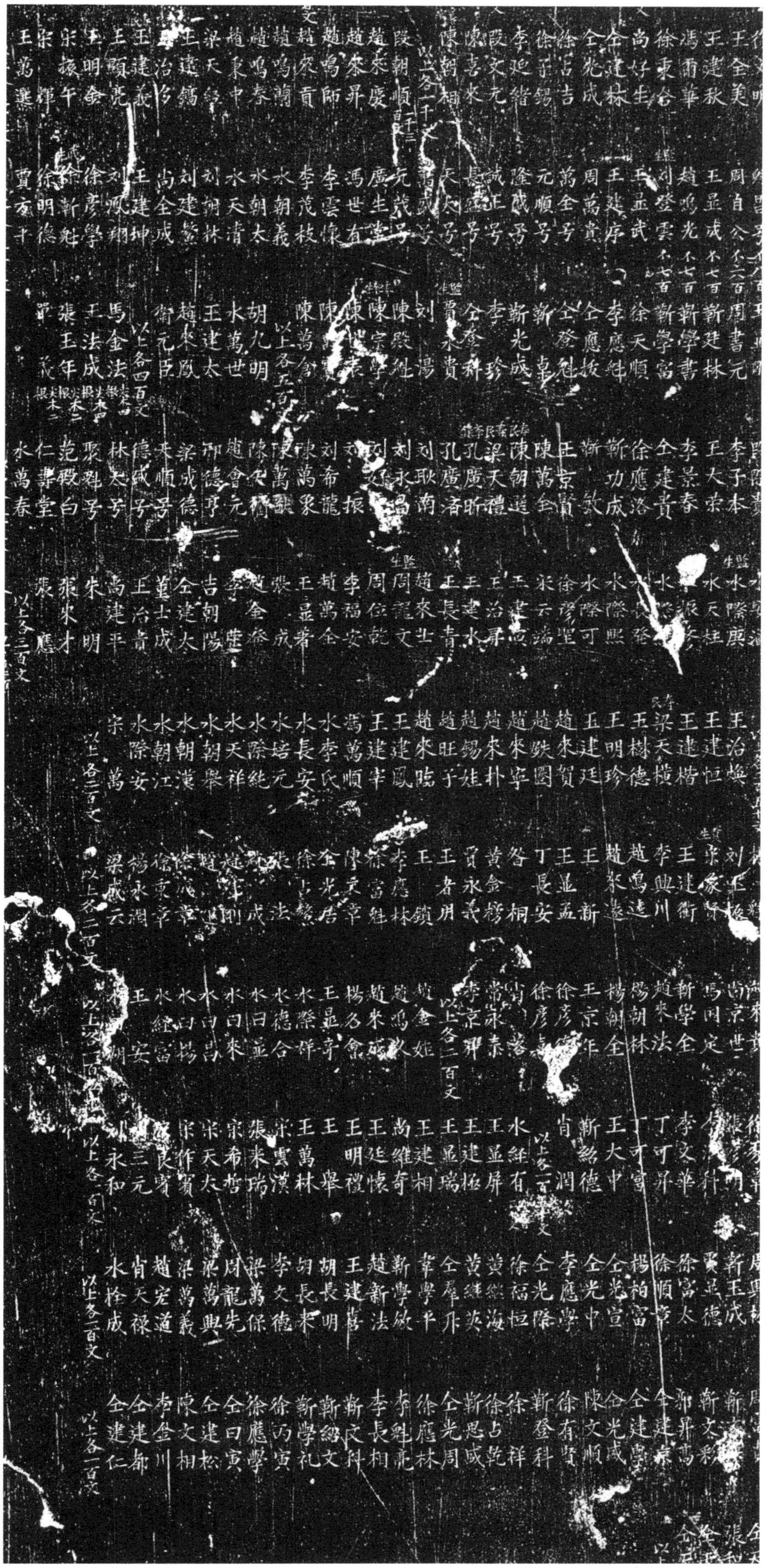

《重修橋梁碑記（碑陰）》拓片局部

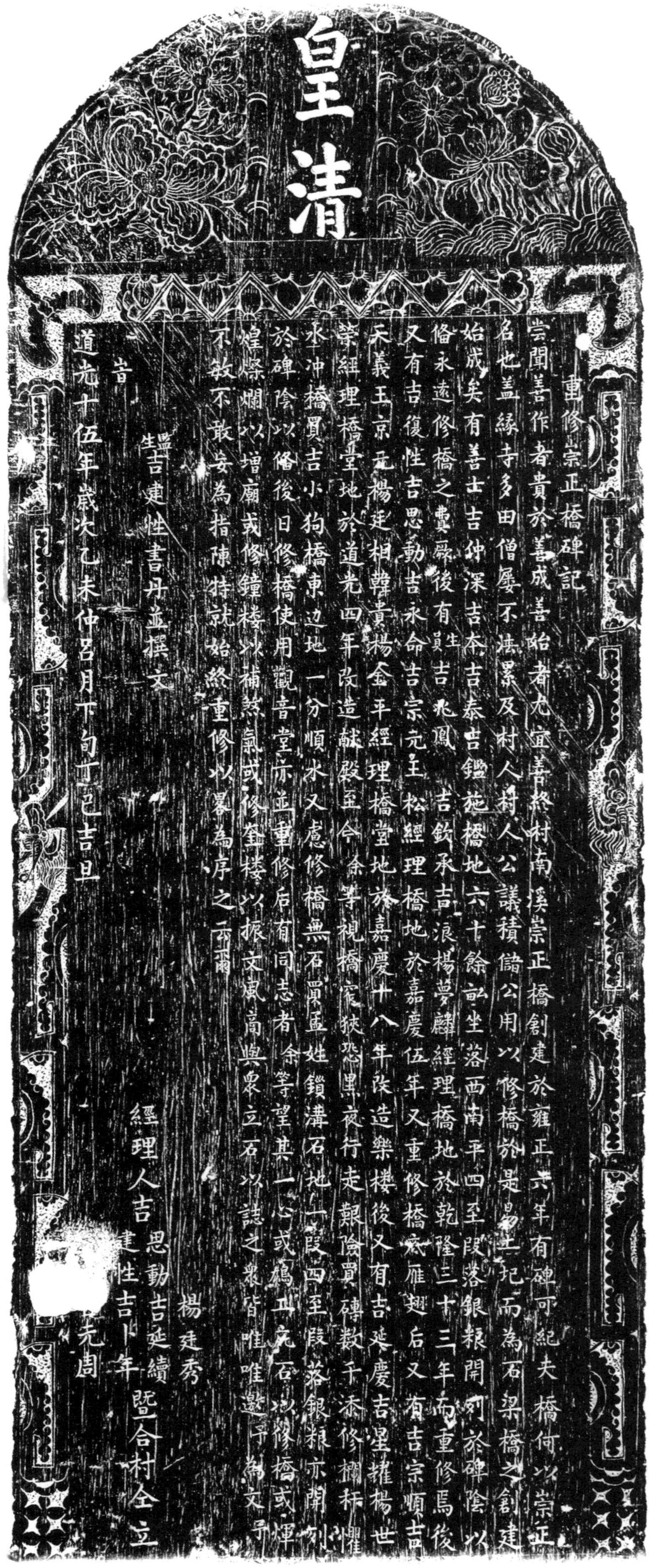

皇
清

重修崇正橋碑記

嘗聞善作者貴於善成善貽者尤宜善終村南溪崇正橋創建於雍正�某年有碑可紀夫橋何以崇正

名也蓋緣寺多田僧屢不法累及村人公議積儲公用以修橋於是易土起之而為石梁橋之創建崇正

始成矣有善士吉仲深吉本吉泰吉鑑施橋地六十餘畝生落西南平四至段落銀粮開列於碑陰以

僧永遠修橋之資厥後有員吉飛鳳吉鎖承吉浪楊夢麟經理橋地於乾隆三十三年而重修焉後以

又有吉復性吉思勤吉永命吉宗元主松經理橋地於嘉慶伍年又重修橋焉雁翅後又有吉宗順吉

天義王京延相韓貴楊金平理橋堂地於嘉慶十八年改造樂樓後又有吉延慶吉壆雞楊世

棠經理橋堂地於道光四年改造獻殿至今余等視橋宸狹恐黑夜行走艱險賣碑數千添修攔杆

永沖橋買吉小狗橋東邊地一分順水又慮修橋無石疊區姓鎖溝石地一段四至段落銀粮亦開列

於碑陰以備後日修橋使用觀音堂後有同志者余等望其一心或買磚石以砌修橋或渾

皇縣爛以增廟或修鐘樓以補蒸氣或疊樓以振文風高興東立石以誌之裝皆唯唯邁予為文寻

不敢不敢安為措陳特就始終重修以暑為序之二而爾

生吉建性書丹並撰文　　經理人吉思勤吉延續暨合村仝立

　　　　　　　　　　　　　　　　　　　　吉建性吉　先周

　　　　　　　　　　　　　　　　　　　　楊廷秀

413-1. 重修崇正橋碑記（碑陽）

立石年代：清道光十五年（1835年）

原石尺寸：高145厘米，寬56厘米

石存地點：洛陽市洛寧縣小界鄉李原村赤灘寨

〔碑額〕：皇清

重修崇正橋碑記

尝聞善作者貴於善成，善始者尤宜善終。村南溪崇正橋創建於雍正六年，有碑可紀。夫橋何以崇正名也？盖緣寺多田，僧屢不法，累及村人，村人公議，積儲公用以修橋。於是易土圮而爲石梁，橋之創建始成矣。有善士吉仲深、吉本、吉泰、吉鑑施橋地六十餘畝，坐落西南平，四至、段落、銀糧開列於碑陰，以備永遠修橋之費。厥後有生員吉兆鳳、吉欽承、吉浪、楊夢麟經理橋地，於乾隆三十三年而重修焉。後又有吉復性、吉思動、吉永命、吉宗元、王松經理橋地，於嘉慶伍年又重修橋底雁翅。后又有吉宗順、吉天義、王京元、楊廷相、韓貴、楊金平經理橋堂地，於嘉慶十八年，改造樂樓。後又有吉延慶、吉星耀、楊世榮經理橋堂地，於道光四年，改造献殿。至今余等視橋窄狹，恐黑夜行走艱險，買磚數千，添修欄杆；懼水冲橋，買吉小狗東邊地一分順水。又慮修橋無石，買孟姓鎖溝石地一段，四至、段落、銀糧亦開列於碑陰，以備後日修橋使用，觀音堂亦并重修。后有同志者，余等望其一心，或鳩工庀石以修橋，或輝煌燦爛以增廟，或修鐘樓以補煞氣，或修奎樓以振文風。商與衆立石以誌之，衆皆唯唯，邀予爲文。予不敏，不敢妄爲指陳，特就始終重修以略爲序之云爾。

監生吉建性書丹并撰文。

經理人：吉思動、吉建性、楊廷秀、吉延續、吉卜年、吉元周暨合村同立。

時道光十伍年歲次乙未仲呂月下旬丁巳吉旦。

413-2. 重修崇正橋碑記（碑陰）

立石年代：清道光十五年（1835 年）
原石尺寸：高 145 厘米，寬 56 厘米
石存地點：洛陽市洛寧縣小界鄉李原村赤灘寨

車戶：吉正性、吉思勳、吉建性、吉永昌、吉永慶、吉思忠、吉延齡、吉崇德、吉延慶、吉卜年、吉延年、吉延續、吉卜友、吉卜全、吉星耀、王京元、張玉金、吉殿魁、吉延久、吉殿宰、吉星臨、吉卜昌。

工戶：吉梧芳、吉延瑞、吉延賢、吉興宗、吉全信、吉全性、吉連宗、吉松林、吉貴宗、吉連芳、吉生財、吉生銀、吉延財、吉延□、吉全智、王天元、王三元、王萬朋、王殿元、王應元、王志元、楊發昌、楊永成、楊廷秀、楊廷拔、楊玉書、楊四成、牛鳳來、孫進成、韓宗賢、吉生貴、吉來遲、吉天昌、吉延安、吉星平、吉殿甲、吉卜鳳、吉九經、吉永保、吉全礼、吉成周、吉位周、吉重周、吉輔周、吉合周、吉星朗、吉卜泰、吉泰来、韓有義、吉興盛、璋盛朝。

計開：西南平地，東一段，東北俱至溝心，南至上坡寺內官地，西至路。西一段，北至溝心，南至上坡寺內官地，東至路，西至寺內官地并界石，銀糧柒錢。十三年買鎖溝地一段，東西南俱至溝心，北至吉騰蛟，銀糧壹錢。東北角有通行車路一條，價銀壹佰零兩千，稅銀柒兩叁錢。橋東邊地壹分，價銀壹千。計開修献殿，吉正性施樹一株，吉永保施樹一株。

大清

414-1. 路井村嚴太爺生祠碑文（碑陽）

立石年代：清道光十六年（1836 年）
原石尺寸：高 170 厘米，寬 64 厘米
石存地點：三門峽市靈寶市大王鎮西路井村

〔碑額〕：大清

特授靈寶縣正堂加五級紀録十次嚴，訊得路井村、張寶村等呈控下礓村彭本法等霸水害命一案。查好陽河北岸有渠一道，灌溉下礓村地，□□村食用之水，下礓村行水三日，路井村行水一日，歷有年所，彼此并無爭競。緣此渠流經下礓村南，分爲東西二渠，至下礓村北，仍併爲一渠，合□□濱臨好陽河岸。嘉慶二十二年間，渠爲河水冲刷，下礓購地修復。道光十四年六月，渠又被水冲塌，復經下礓續修。因路井向由此渠行水，不帮□□行攔阻搬水，路井則以該村應於東渠行水，不應帮修西渠之工，執有前明碑文硃摽私約爲據，先後互訟縣案。經李前任勘驗情形，路井應由□□呈之碑文私約，并無東渠確據，斷令嗣後西渠遇有坍塌工段，各照行水日期派工。路井抗不遵斷，復行翻控，管前任案下，未經訊結。茲傳案集□□處履勘查明，渠水自好陽河北岸進口，在南宋、磨頭二村渠口之下，行一里許至下礓村南觀音堂、白楊樹前，分東西二渠行走，流至下礓村北，□□又一里許，歸入南宋、磨頭二渠下游，合流□乾河。又八里許，下抵路井村南，於接連乾河西岸，另有開水溝一道，行一里許，流入路井村內陂池。□□礓渠內行水，不由南宋、磨頭二渠，是下礓地行渠道，自係與路井公共使水之渠。惟察看西渠，於分流處所，其水順勢而下，東渠則必須堵壩，始□□是路井只於下礓西渠搬水下行，亦無疑議。且查該村呈之前明碑文，僅稱有武食□渠一道，并未註有東渠字樣，其硃摽私約只叙該村每□□，亦不能執爲東渠鐵據。現經開導兩造人等，仍遵李前任斷案辦理。所有下礓村以前修渠工費，路井村毋庸找給。渠糧業經下礓完納，亦不必□□。後遇有西渠坍塌工段，各照行水日期，下礓派工三日，路井派工一日，其應派購地修渠之費并完納，續置渠糧，亦以此爲斷。下礓每年派有渠□□，每年另派渠司一，值西渠應辦工程，下礓渠司迅即知會路井渠司，公同商辦，不得推諉誤工。遇路井搬水日期，查有私行偷漏之人，即通知下□□□議罰。至西渠倘被河水冲塌過大，萬難一時修復，亦准路井暫於東渠行水，下礓不得阻撓。嗣後如下礓、路井二村再有違斷，滋鬧情事，定將首□□提案，究處不貸，除飭令當堂書立合同三紙，一附縣卷，兩造各執一紙，並取其遵結及詞證人等甘結備案，永杜後衅。此斷。硃批：如路井藉口西渠工程浩大，不肯派工帮費，定要霸借東渠行水，亦□下礓一面阻止，一面禀案勘驗訊究。又斷。

立合同人。下礓村：彭本法、李隆、李舒錦、杭書仁、王玉鑑、李生、張群兒、李坤。路井村：張兆麟、張宝材、張建清、張同今、韓會先。

緣下礓、路井兩村向係同渠行水，并無异説。於道光十四年六月下□□塌，路井并不帮工修理，阻止路井搬水，彼此互控到案，今蒙縣主嚴憲勘明，路井係由下礓渠內行水，核查路井所呈前明碑文及硃摽私約，仍遵前縣主李憲斷案，各照行水日期。下礓村派工三□，□□□工一日。其應派購地完糧各費，除從前不再分派外，日後亦按四股均分，每年兩村渠司知會，公同商辦，不得推諉誤公。值路井搬水日期，上淤□□通知下礓渠司，查明議罰。至西渠坍塌過大，一時難以修復，亦准路井於東渠行水，下礓不得阻撓，嗣後兩村和衷共事，毋得各懷意見。倘有違□□，准赴縣

案稟究，當堂書立合同三紙，一附縣卷備案，兩村各執一張爲據。

　　硃摽當給路井村收執。

　　路井鄉地張福儒，下磑鄉地李自東。詞證：葛學宰、葛之屏。官代書荊□□筆。

　　道光十六年二月十一日兩村公立。

《路井村嚴太爺生祠碑文（碑陽）》拓片局部

414-2. 路井村嚴太爺生祀碑文（碑陰）

立石年代：清道光十七年（1837年）
原石尺寸：高170厘米，寬64厘米
石存地點：三門峽市靈寶市大王鎮西路井村

〔碑額〕：大清

嚴太爺生祀碑文

嘗考歷代祀典，重有功於民者，故《祭法》云：法施於民則祀之，以勞定國則祀之。然猶身後事也，至鮮于爲一□□□，司馬是萬家生佛，民間朝夕焚香致虔，生祀之立，感恩盖深矣。余路井村歷無井泉，西靠大嶺，障隔好陽河。□□□自出峪口，舊有益民、厚民二渠，不與嶺東相接。立村之始，昔人從磨頭下磑買地開渠，引好陽河水下注，名□□□，居人賴以食用，此每月逢五行水由來也。後因河水暴溢，渠被沙石閉塞。明嘉靖二年，村人李武□請仁□□□爺重開。工竣立碑。迨後南宋、磨頭、下磑等村又開灌田之渠。萬曆二十七年，益民、厚民二渠以等村灌田恒□□□興訟，蒙仁天王將磨頭等村灌田渠與食用渠，同更名中水渠，訊斷益民、厚民兩渠各行水三日，中水渠□□□日，十日一周，已既有成規矣，乃訟方息。下磑、李合等反覆，復阻路井食用水，余七世祖張三樂將合等告拘□，□□合等自書私約、硃摽結案。順治十四年，沃底李曲爭水，蒙藩憲斷，仍照前規行水。乾隆六十年，下磑又與□□□水興訟，以無據難結案。余祖張國瑞、張世道閔其久訟，具分晰呈子，并粘硃批私約前，仁天得以爲據，始斷□□使水，與下磑增水兩日，路井村水仍舊。萬曆迄今，綜記二百三十年，章程不移。忽於道光十四年，下磑渠司□□□率衆阻水，稱下磑無路井渠，人畜至有渴死者。路井渠司張寶材、陳纂詩呈控仁天李案下，又控仁天□□□，悉斷照舊行水，皆未明有渠。至十五年十二月，嚴仁天下車，十六年二月親詣細勘，自路井陂池，徒步丈□□□，又丈明下磑東西兩渠，斷以前明碑文，謂下磑有武食用渠一道，硃批私約叙逢五行水。既有渠不必□執□□，□下磑同愿路井在西渠行水，即以西渠爲兩村官渠，可乃各賜斷案一張、渠圖一張，又立合同，各執一張，兼□□□計。渠有定所，不惟永無渴死之患，且并資灌溉之需，是真不恤其勞、法施於民者也。擬以□佛福星何愧？於□□□人抃喜踴躍，樂建生祀，爰命余記其事云。

嚴公印芝，字仙舫，係湖南辰州府漵浦縣橋江鎮籍。

特授修職郎候選府經歷張兆麟撰文并篆，邑庠生張玉山書。

道光十七年歲次丁酉月二十五日立。

415. 創建迎水大壩碑記

立石年代：清道光十七年（1837 年）
原石尺寸：高 42 厘米，寬 164 厘米
石存地點：新鄉市原陽縣夏家院

……根，并未拋砌石壩，而南河原奏謂柴埽之鬆而易朽，脱胎之險而多費，石壩之堅而不壞。挑溜澄淤，化險爲平，至□且盡，因繪磚工圖説，咨詢南河，覆稱飭據道將廳營核，與南河辦法相類。兹復咨調熟習石工、弁兵來豫，帶同周歷兩岸參觀，互□磚與石，不過□异而功用實同，誠以修防大計，不敢不虛心考究，盛□成□□□□年後，亦變爲土，不能耐久。余采訪輿論，僉稱……之。古□與磚橋乎□見，現在掘出售賣之……之磚墙乎，毫無損壞，即其明驗……但豫省治河無山石，必取之……春杪夏初，非其時不能，到其……渠工之處灘面，距河甚□……頂磚爲民間常用……價亦減免。況歷來失事……將坐失事機，其險……之石，由土山中掘出……年，漸就酥損。余收其……可知至偎護埽根……雖石性滑，與土不相融……漸至，恐成一……財，修防忝司水……以□荒埽，此辦法……此定理也。埽至……北岸，黄沁聽之欄……充厢東省曹河廳之……中河廳之五六堡……唯廳之儀下泛十六……凡素稱險要之處，一……遠埽段漸且淤閉而險……隨時補偏救弊，余之……難免疑慮叢生。余亦……今之利害，切身休戚相……咸云保衛田廬，瀾安工閘……可也。即不止爲堵截串溝……道劉體重、知府頂戴，即選知……同知顧元承、知州銜衛糧運通判……通判王漢、署儀睢通判丁暉、山東泉河……河通判譚爲紹、候補通判賴安、加陞銜原……加堤銜陽武縣知縣許賡謨、同知銜大挑知縣借補壽張……承緒、同知銜大挑知縣左廷賓、武陟縣丞姚榮、游擊銜□河□司趙魁元、都司銜下北守備郝晏安、都司銜黄沁協備王□陽、封協備張奇亮、曹考協備沈義亭共襄厥事，例得并書。

道光十有七年歲在丁酉春三月，督河使者渾源栗毓美謹記，衛糧通判上元袁啓瑛書，武邑楊復汶摹刻。

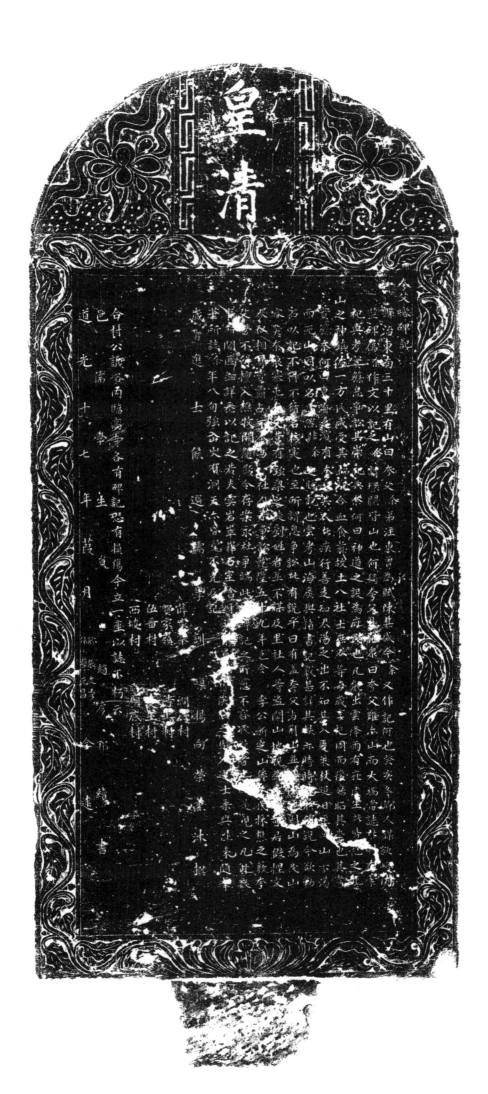

416. 夸父峪碑記

立石年代：清道光十七年（1837年）
原石尺寸：高97厘米，寬44厘米
石存地點：三門峽市靈寶市西閆鄉下廟底村

〔碑額〕：皇清

夸父峪碑記

縣治東南三十里，有山曰夸父。余弟注東曾爲賦陳其盛，今余又作記，何也？癸亥冬，鄉人謀欲峪內豎碑，屬余作文以記之。余謂環閭皆山也，何獨夸父是記？眾曰：夸父雖亦山，而大端當誌者，則在崇祀典、考實錄、息爭訟。其崇祀典奈何？曰：神道之設，爲庇民也。凡能出雲降雨，有庇民生者，皆祀之。此山之神，鎮佑一方，民咸受其福，理合血食。兹故土八社士庶人等，每歲享祀，周而復始，昭其崇也。其考實錄奈何？曰：東海之濱有夸父，其人者，疾行善走，知太陽之出，不知其入，爰策杖追日，至此山下渴而死，山因以名焉。然非余之臆說也。尝考《山海》《廣輿》諸書，記載甚詳。其軼亦時時□於他說，今欲勒石以記，不得不循名核實也。至所謂息爭訟者有說乎？曰：有。盖夸父与荆山并□□□，則山爲民山審矣，奈糧寨屯夸父營，有强梁之徒劉姓者，并不謀及里社人等，盜開山地，視爲□□可居，假捏文券，私相買賣，霸占不舍，与社人等爭訟。乾隆五十九年，邑令李公斷定，山係人民采樵之薮，夸父營不得擅入樵牧開墾，飭令存案，永杜爭端。此□碑記之所愈不容泯没者也。□是觀之，凡此數事所關匪細，詳悉以記之。若夫雲岩崒崒，石室含岈，□□□□，以俟後之騷人逸士，乘興往來，隨筆筆所誌。余年八旬，强仚尖有洞天，亦昏髦不克及記。

歲進士候選儒學訓導楊向榮薰沐撰。

薛家寨、澗底村、賀家嶺、寺上村、伍畐村、□王村、西坡村、廟底村。

合村公議：峪內臨高寺各有碑記，恐有損傷，今立一座，以誌不朽云。

邑儒學生員趙彦邦續書。

道光十七年葭月鄉保張文秀、趙元昌同建。

417. 吳澤十八橋題名記

立石年代：清道光十八年（1838年）
原石尺寸：高110厘米，寬55厘米
石存地點：焦作市修武縣博物館

吳澤十八橋題名記

修武居大行山南，西北郭之外則吳澤焉。築道十里，儼若堤防，相間架石爲橋一十有八所，以宣泄水潦也。出郭而北，綠草成茵，青萍若闚，長楊夾道，時有鶯鳴，菱荇牽絲，蘋囗漾采，麦壠風過，陌卷黃雲，樹杪炊烟，漁莊入畫。遠眺白鹿，則見翠藹蒸嵐，洵一邑幽敞之境也。唯舊橋卑隘，頻歲爲山水激蕩，間多傾圮，乃購美材，加之恢廓，以暢波流。仍惜其俗稱鄙謬，不稱風景之美。爰各錫以嘉名，昭示述庶，勒之貞石，永著無窮。

文林郎知修武縣事淄川馮繼照撰并書。

道光十有八年歲在戊戌春三月吉日。

清（三）

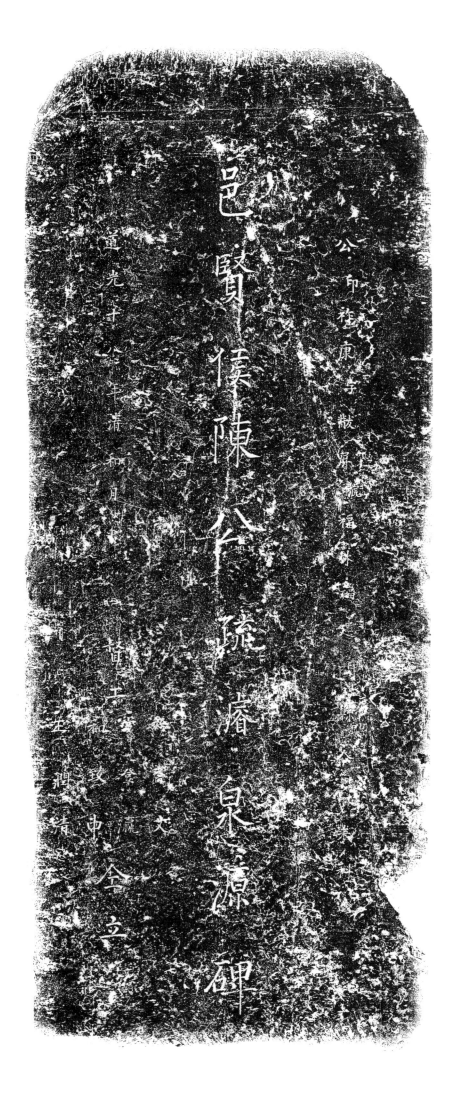

邑賢侯陳公疏濬泉源碑

418. 邑賢侯陳公疏浚泉源碑

立石年代：清道光十八年（1838 年）
原石尺寸：高 140 厘米，寬 57 厘米
石存地點：新鄉市輝縣市百泉風景區

邑賢侯陳公疏浚泉源碑
公印祚康，字巘屏，號福林，福建閩縣人，乙未科進士。
督工：孫耆文、常登瀛、和致中、王潤清。同立。
道光十八年清和月。

419. 山窩村陳姓鑿井碑記

立石年代：清道光十八年（1838 年）
原石尺寸：高 60 厘米，寬 40 厘米
石存地點：洛陽市新安縣石井鎮山窩村

尝谓民非水火不生活，是知水之所關亦非□鮮。石渠村陳姓□□官地一段……頭□内鑿井一孔，取水甚便，由来已久，□祖宗之爲子孙□□□□不至……二年將……盡留……之一意云。

大清道光十捌年陆月十九日山窩陈姓同立。

清（三）

流芳

420. 修浚西耿村大泉碑記

立石年代：清道光十八年（1838 年）
原石尺寸：高 144 厘米，寬 55 厘米
石存地點：新鄉市輝縣市冀屯鎮西耿村

〔碑額〕：流芳

修浚西耿村大泉碑記

西耿村之西迤北里許，有泉涌地而出，俗呼爲大泉，灌附村田三百餘畝。歲戊戌初夏，河北得雨未透，余捐俸開浚百泉，并邑西之萬泉悉舉而淪之，沿流數十里，水聲聒耳，稻翠盈眸，初不知苦旱也。泉役既畢，余復從事峪河，奔馳河涘，路出耿村，惟時將及芒種，猶未布秧，所謂大泉者，祇涓涓細流，而東北水田數區，轉源源貫注，農人相沿日久，竟不知所耕耨者，半皆大泉之河身也。余出資買地一畝二分，售其價，并析其徵集荷鍤者數十人，先給以工值，復召大戶芝蘭堂、冀魁、魏廷蘭、即順、道人董明蒼等，共襄厥事。不旬日間，闢泉一畝八分七厘，南北中長十二弓二尺，東西中長十四弓，周圍繚以高壩，計深九尺四寸。北壩最厚，下寬四弓，上寬三弓三尺，東西長十五弓一尺。東壩稍殺，下寬四二弓四尺，往南上寬一弓三尺，往北上寬二弓一尺，共長十九弓二尺。西壩又殺之，下寬二弓，上寬一弓三尺，北寬一弓，南寬四尺，共長十六弓三尺。泉口計寬三弓。壩東挑引河一，北寬二弓一尺，中寬二弓二尺，口寬一弓三尺，南北四十一弓長，至西岸深如泉，以防水潦盛漲，衝潰泉源，擘畫甚爲周至。泉河合口南下二里有餘，渠溝分灌，稻隴亦修浚深通，河中清溝不許插秧。壩北餘所買地，北寬五弓，中寬十弓，南寬九弓，給佃耕種，亦可歲穫升斗，以助每年疏瀹之資。是役也，余費無幾，實各戶勇於爲義，其急公也，即所以贍私也。萬斛珍珠，盆翻釜沸，將泉以大名，不至復淪爲細，尤余所□而望也。是爲記。

賜進士出身敕授文林郎知衛輝府輝縣事閩中陳祚康撰，捐地價大錢叁千文，捐工價大錢捌千文。

理事廩膳生姚書文。

芝蘭堂捐大錢五千八百八十五，魏廷蘭捐大錢壹千八百六十，冀魁捐大錢捌百，即順捐大錢三百八十，三仙廟捐大錢叁百，庠生郭士清捐大錢五百四十。瑞盛祥捐大錢壹千五百六十，聚興號捐大錢壹千貳百六十，康聯江捐大錢柒百八十，張進魁捐大錢捌百四十，張俊元捐大錢柒百廿，趙國賢捐大錢六百九十。趙元龍捐大錢六百六十，楊同捐大錢五百四十，白鏡捐大錢叁百六十，胡金捐大錢九百，姬學仁捐大錢四百八十，連喜財捐大錢叁百六十。即武俊捐大錢壹百八十，常得貴捐大錢柒十五，即應可捐大錢六十，王琳捐大錢六十，□魏夥捐大錢壹百八十，冀文成捐大錢四百。即振行捐大錢叁百，陳宝全捐大錢壹百八十，陳珞捐大錢壹百八十，即吉貴捐大錢壹百八十，郭春照捐大錢壹百八十，韓文興捐大錢四百。施致祥捐大錢六百，施文正捐大錢叁百六十，賈玉福捐大錢五百四十，穆學士捐大錢壹百八十，穆學魁捐大錢叁百，楊渠□捐大錢貳百六十。施迎祥捐大錢壹百廿，賈喜百捐大錢壹百廿，張占文捐大錢壹百廿，何太福捐大錢壹百廿，李讓捐大錢六十，蘭中虎捐大錢壹百八十。張□□捐大錢壹百八十。

東峰党書丹，石匠任甫祥。

大清道光拾捌年歲次戊戌孟秋中旬丁巳日同立。

421. 重修龍王廟五聖祠記

立石年代：清道光十八年（1838 年）
原石尺寸：高 175 厘米，寬 70 厘米
石存地點：洛陽市欒川縣潭頭鎮黨村龍王廟

〔碑額〕：永傳不朽

重修龍王廟五聖祠記

龍之爲靈，不待言矣。先民有曰：龍見而雩蒼。龍見于東方，爲百穀祈膏雨焉。夫大田之作也，有澮萋萋，興雨祁祁，繼之以田畯至喜，來方禋祀，所以雲從龍，時雨若，報賽田功，神人以和，其事相因而成也。村先父老建龍王廟，立五聖祠，不知始於何年，第由廟以察其心，致有深意云。且人情有觸而動，因感而發，若歲大旱，用作霖雨，苗□然而興者，人亦傾心而善矣，豈敢忘厥德哉！村之衆祷祀，皆求輒應，念以予人重本業，户尚敦樸，見廟之積久而敗，爰爲之因舊謀新，首事者不怠於事，衆善者各輸其資，廟宇之整飭也，聖像之輝煌也，□樓之完固，墙垣之高闊也。繼建造之盛舉，報神功之深仁，迎虎迎貓，村社□鼓以仰承。聖天子六龍馭天，熙熙□□，吹山飲臘之休□也。或曰村名大王廟村，由廟名姑有其説，以俟考焉爾。

例授登仕郎候選□政廳趙國華撰文并書丹。

陳九政捐錢五仟，李天池捐錢貳仟，李士彥捐錢叁仟，孫賓捐錢肆仟，孫岐捐錢拾仟，孫成貴捐錢捌仟，趙崇德捐錢陸仟，孫成理捐錢叁仟，孫成選捐錢肆仟，李任天捐錢肆仟，李天衡捐錢兩仟，李本章捐錢兩仟，李國柱捐錢兩仟，李榮錫捐錢兩仟，孫傳捐錢兩仟，孫□捐錢兩仟，張□建捐錢壹仟，張繼周捐錢壹仟，張有太捐錢兩仟，李行中捐錢兩仟，李建章捐錢壹仟，李任官捐錢壹仟。（以下漫漶不清，略而不録）

木工：陳□修。画工：張□成。玉工：張松言。

龍飛道光十八年歲次戊戌中秋穀旦。

永垂不朽

重修·黄橋記

422. 重修南關橋記

立石年代：清道光十八年（1838 年）

原石尺寸：高 143 厘米，寬 54 厘米

石存地點：新鄉市原陽縣博物館

〔碑額〕：永垂不朽

重修南關橋記

《夏令》曰：九月除道，十月成梁。《孟子》謂：十一月徒杠成，十二月輿梁成，民未病涉也。則橋梁之關乎行旅，豈小也哉。陽邑南門之外舊有石橋一座，考之邑乘，爲邑人曹克恭建於明季，其後年久橋傾，人有艮趾之虞。本朝康熙三十一年，舊令尹安公復加修理，未期月而橋工告成，於是往來之人始如履坦途焉。歷今百十餘年，而是橋又傾圮矣。先是嘉慶二十四年，黃河爲患，馬營漫堤，陽邑正當其冲，城被水圍，橋爲冲塌，後之行人夏時涉水，冬日履冰，鄉之有德者於以動善念焉。道光戊戌歲，余攝縣篆，下車之始，即有二三紳耆議修此橋。昔王周爲刺史時，見橋壞，覆民租［阻］車。周曰：橋梁不修，刺史過也。今議治橋，是令尹當爲之事，而此邦人士已先得我心，其誰曰不善？乃合城鄉士庶計議重修，咸樂輸財，以襄厥事。蓋經始於夏五，成於秋仲而落之。是役也，在事諸人，其創議也美，其行事也果，其竣工也逸，其利濟也普，非勇於議者，其孰能之？是爲記。

敕授文林郎署陽武縣知縣楚陽余廷梁撰文，鄭州儒學學正邑人趙□□書丹。

欽加陞銜陽武縣知縣芝城許賡謨，典史陳□□，教諭黃符光，訓導席守寅，外□□□畏、唐全敬。

首事：生員李鳳栖錢肆百，王廷桂錢貳仟，竇庚西錢五百，監生毛青麟錢壹仟，理問朱輔錢貳仟，李天貞錢五百，生員朱恩溥錢伍佰，和來慶錢壹仟，監生費珍錢壹仟，監生馬應塈錢壹仟，朱應舉錢壹仟。王廷勛伍佰，靳士俊壹仟，耆老張宗賢伍佰，竇廷桂壹仟，栗逢春壹仟，曹萬里貳佰，單琯伍佰，王際泰伍佰，竇松伍佰，□芳梅貳佰。

監生夏汝諧陸仟，恒昌典、同裕典、雙和典、隆泰典、公議斗行、魁聚坊、同成坊、隆泰坊、武生夏清臣，各叁仟。萬盛行貳仟。監生劉□□壹仟陸。□楨聚、孫調元、生員安紫瀾，各壹仟伍。拔貢張清維壹仟，舉人毛鳴岐壹仟，教諭劉峻嶺陸佰，貢生袁積學壹仟，監生董榁壹仟，合興行貳仟，監生張君弼壹仟。

李志榮、王耀然、令興邦、吳省三、高清臣、高光照、李大興，各伍佰。陳廷芳、毛夢善、閆文聚、高庚，各貳佰。

買辦張宗元、生員楊超林、監生張自賢、武生李應龍、曹鳴和、高書升、張文興、魏大統、丁臨川、賈峻嶺、張甫天，各壹仟。錫盛號、蔚盛號、義泰號、大順鎰記、貴興號、□興竹店、龍興號、萬福號、壽世堂、聚錦號、恒聚油店各壹仟。復源鹽店、恒茂號、恒豐號、通順合、和合號、□行、王元士、董枡、監生張永慶、吳進學，各壹仟。貢生莊夢昌八佰。致祥號、運隆號、順成號、李春輝、溫存智、彭天然、生員李秉礼、監生袁志剛、周於礼、朱棠、張玉儉，各八佰。毛中有、毛河清、李金、李百慶，各八佰。李可成七佰。武生劉上林、劉明安、劉竹、孫治休、李成□、監生李□□，各六佰。單芳六佰。趙嵩、馮蘭、趙之屏、生員毛炳蕃、申斌、費承先、張紹禹，各伍□。萬盛行、合興行、中行、岸中行、□上中行、江斌、毛禹、毛玉六、張五魁、□性直、□迎書，各伍佰。崔進財、吳進忠、王大慶、范保国、秦府成、曹清、王中貴、毛玉儉，各伍佰。毛珣貳百，毛成彩、劉顯明，伍百。

大清道光拾捌年歲次戊戌□□上□穀旦。

建立廣惠龍王兩廊廡碑記

且夫隆替者天下之勢也循環者天秉之理也金山之麓廣惠龍王之廟在焉是神也鍾

之靈誕降於茲近之為一方沛膏澤遠之為天下作霖雨自元代以降雨之靈彰

郭建祠於茲村兩河之間宏其規模隆其棟宇安神明而壯觀瞻非漢祀也乙今歷年久遠風

蝕正殿寢殿以及獻殿山門等制景為補葺蹟猶俺帕兩廊兩廡傾圮已久蕭然但恨隆替者碑可

懷泰之邑侯李禱雨於茲茲雜神之靈世廿霖玉降邑侯感神之靈相其院之圮順而建

不知前此因已有之也於是邑侯猶同城官太谷紳賢芳干猶令住持恭供神民使兩廊

之功告竣夫兩廊也昔未之有而今之有為循環然以此見金

山之鎮亙古而石息也夫全山鍾毓之神亦亘古而不息即人藏金又何有修其廟宇者廓

不亙古而石息也夫

知永寧縣事加五紀錄玉□□□文□昆宗振發謹撰

大清道光十九歲次己亥冬十一月穀旦

經理人

化主生員吉順興書　虎錢伍仟文

刻字石工張進　施伝伍百

住持道人貴本月徒范含蓮謀李教明

立石

423-1. 建立廣惠龍王兩廊廡碑記（碑陽）

立石年代：清道光十九年（1839 年）
原石尺寸：高 160 厘米，寬 63 厘米
石存地點：洛陽市洛寧縣陳吳鄉金山廟村

〔碑額〕：皇清

建立廣惠龍王兩廊廡碑記

　　且夫隆替者，天下之勢也；循環者，天下之理也。金山之麓，廣惠龍王之廟在焉。是神也，鍾□之靈，誕降於茲，近之爲一方沛膏澤，遠之爲天下作霖雨。自元代以降雨之靈蒙朝廷崇□，詔建祠於茲村兩河之間，宏其規模，隆其棟宇，妥神明而壯觀瞻，非淫祀也。乞〔迄〕今歷年久遠，風□□蝕，正殿、寢殿以及献殿、山門等制累爲補葺，舊迹猶存，惟兩廊傾圮已久，蕩然俱泯，僅有碑可考。□寅春，邑侯李禱雨於茲，惟神之靈，甘霖丕降，邑侯感神之惠，相其院宇空曠，飭建兩廊，而不知前此固已有之也。於是，邑侯偕同城官吏，各捐資若干，猶令住持募化□邑紳民，使兩廊之功告竣。夫茲兩廊也，昔之日自有而之無爲隆替，然今之□又自□而之有爲循環。然以此見金山之鎮亘古而不息，金山鍾毓之神，亦亘古而不息。即人感金□之神之靈，而繼修其廟宇者，亦□不亘古而不息也夫。

　　知永寧縣事加紀錄七次李繩宗捐紋銀拾兩。

　　經理人：張敬施錢壹仟文。韋金聲施錢五百文。張型施錢拾仟文。張國正施錢六百文。戴元振施錢貳拾伍仟文。太學生張朝□施錢九千文，前支錢三千。張書□施錢六百文。韋相聲施錢五百文。朱權施錢壹仟文。雷鳴春施錢五百文。

　　□述策撰文，化主生員韋順興書，且施錢伍仟文。

　　刻字石工張進財，施錢五百。住持道人賈本月，徒范合運，孫李教明。

　　大清道光十九歲次己亥冬十一月穀旦。

423-2. 建立廣惠龍王兩廊廡碑記（碑陰）

立石年代：清道光十九年（1839 年）
原石尺寸：高 160 厘米，寬 63 厘米
石存地點：洛陽市洛寧縣陳吳鄉金山廟村

張九江化錢一千四百五十。□瑞興施錢八千。張師周施錢二千。□□楊施錢□千。吳觀□□□一千。程萬年化錢一千。周天數施錢一千。□大雄施錢一千。王裕德施錢一千。任發□施錢五百。孫萬鎰、吳文學二人化錢一千五。馬建書化錢二千五。鎖名□、刘觀正二人化錢一千五。故縣鎮化錢一千二百七。李志、丁合武、賈宗林三人化錢二千四。戴法□錢一千。□泰施錢一千。郭雄施錢一千。化主郭士傑施錢一千。杜凌元五百。李春法五百。化主黃滿堂施錢一千。吳文林施錢五百。朱鼎甲施錢五百……

424. 共城水利碑記

立石年代：清道光二十年（1840年）
原石尺寸：高211厘米，寬74厘米
石存地點：新鄉市輝縣市百泉風景區

共城水利碑記

共城百泉，亦名摦刀泉，下流曲折，繚繞百餘里，皆在衛境，名曰衛河。凡共城境內，近因之地勢多污下，止宜秔稻，不宜豆穀。而河無閘堰，泉流下注，非蓄水無以灌，田地皆荒蕪，是以前明嘉靖年間，郭公、敖公建築仁、義兩閘，聶公、章公、盧公建築禮、智、信三閘，使共城均沾水利，荒蕪之地，旋成膏腴。國朝定鼎，歷順治至康熙四十餘年，雖有五閘之設，放流濟運，民間不得溉田，水利一壞，每地一畝，行糧三畝，水田荒蕪，每年賠糧，民間弃地而逃者十六七焉。康熙三十年，邑人段上錦、雷發施具呈縣案，懇恩興復水利。邑侯滑公力任不辭，再四詳請河道俞公、巡撫閻公、總河王公咨商，入奏上諭，四月以前，三日濟運，一日溉田，至五月，民間插秧，漕運回空，任民溉田。水利復興，是共城水利皆滑公、俞公、閻公、王公之力也。雍正五年，侍郎何國琮條陳共城之民偷水溉田，有誤漕運，飭將五閘拆毀。三十餘年，水利又復一壞。爾時御史劉公巡撫、田公總河、嵇公在百泉清暉閣上宣旨，五閘之民咸集，哭聲震天，齊聲稟訴，種一畝地，納三畝糧，原圖用水溉田，以備荒歉，今國家用水，百姓焉敢捐生偷水，懇減重賦。田公顧謂劉公、嵇公云：吾向亦疑百姓偷水，不料如此重賦。三公相商入奏，水利得以仍存，是保全共城水利，又田公、劉公、嵇公之力也，迄今百五十餘年矣。己亥春月間，因漕運阻淺，山東巡撫奏請將官閘、官渠大放通流，民閘、民渠盡行杜閉，以濟漕運，俾共城水田五月下旬，不得插秧。五閘之民奔走惶恐，紛紛稟訴邑侯案下。邑侯陳老父母日夜憔思，急力詳請，使水溉田。又蒙侍御汪大人、賈大人條奏巡撫朱大人，奉旨同道憲劉公、府憲耿公親臨察看，五閘百姓數千人，懇恩留水救命。蒙恩率同印委各官將官閘下板杜閉，俾水勢專注民渠。朱大人嗣又復旨入奏，共城水利仍復遵照舊規，是今日水利不壞，又皆邑侯陳公、府憲耿公、道憲劉公、巡撫朱大人之力也。謹記顛末，以垂不朽。

歲貢生和致中撰文，邑廩生姚書林書丹。

康熙三十年興復水利，河台王大人、撫台閻大人、道台俞大人、邑侯滑太爺。雍正五年保全水利，河台嵇大人、撫台田大人、御史劉大人。道光十九年保全水利，河台栗大人，撫台朱大人，御史汪大人、賈大人，道台刘大人、府憲耿大老爺、邑侯陳大老爺。

道光二十年歲次庚子仲春上澣，仁、義、禮、智、信五閘紳民同立。

黄河流域水利碑刻集成·河南卷　四

425. 六家公用井路碑記

立石年代：清道光二十年（1840年）
原石尺寸：高101厘米，寬37厘米
石存地點：洛陽民俗博物館

〔碑額〕：□清

乾隆拾年拾月二十四……立字人古言，今與五□共穿一井，其井坐落言地内，同中言定，除路一條，三尺寬，東至古尚礼，西至古尚礼，南至本主，北至古松、古保、呂宏、古彬、陳昆生。井路東頭向北除路一條，四尺寬，南至古言，北至大路，東至本主，西至□范生。井與路俱係六家公□□，日後不許更移，如有返悔，舉約到官。恐後無憑，立約存證。六家姓名共列於後。

（衆人題名及捐錢數多漫漶不清，略而不録）

道光二十年辰月□□日。

清（三）

萬善同歸

重修白雲橋西頭及石闌杆記

國朝乾隆時東西善水之衝於西巳比水之
六十餘年矣值行委文集壇弘盛
郡方軌每當日中曾會台神之除物久列百
以路既狹陷又無石欄
石欄塔上盖萬武侯治蜀橋名於後下偶
閭觀音為之經譽武進士李君全惠書武君
賜進士出身
特授嚴州府南徐州府
知嵊縣任景陽蕭縣知縣加四級紀錄八次 李萬倉撰并書丹

堤清道光貳拾年歲次庚子孟夏之月　穀旦

426. 重修白雲橋西頭及石欄碑記

立石年代：清道光二十年（1840年）
原石尺寸：高145厘米，寬67厘米
石存地點：洛陽市偃師區緱氏鎮緱氏村

〔碑額〕：萬善同歸

重修白雲橋西頭及石欄碑記

自古橋梁之設，所以利濟行人也。緱氏鎮東有白雲橋，橫叁丈，長九丈零，始建於明嘉靖之壬寅，告竣于嘉靖之……國朝乾隆時，東口當水之衝，及西口出水之處，底石漸有摧陷者，先是橋外兩岸未砌以石，亦有近于坍塌者。本鎮監……六十餘年矣，值行潦交集，嚕吶鏜鞳之狀，見之者驚心，聞之者震耳，皆由斯橋而出，以入於公路。潤而出水之……能方軌。每當日中爲市，會合事神之際，食物交列，百貨雜陳，車馬填塞，人民擁擠，強者側肩而過，以力相競；弱者……以路既狹隘，又無石欄之故哉。善士李君全惠、戴君書武、魏君克明等，募化資財，橋北岸易以大石，較舊規更加……石欄於上，長亦如之，而人始有方軌并進之樂，而橋亦無不堅之慮也。夫人之處世，有爲一身一家之計者矣，故……聞孰肯爲之經營哉？昔諸葛武侯治蜀，橋梁道路無不修治，此愛人者之所爲也。若李、魏諸君子，慨然以斯橋爲……碑，并勒施錢人姓名於後，千載下倘有淵匯齧蝕之處，其尚以李魏諸公之志繼之。

賜進士出身特授文林郎江南徐州府宿遷縣知縣歷任溧陽蕭縣知縣加四級紀錄八次李萬倉撰并書丹。

李全惠四千。魏克明二千。戴書武三千。戴書海三千。李新銘二千。監生李新亭六千。監生戴禮會四千。李永忠一千五。監生李子亮一千。監生郭德馨五百。林榮先一千。戴長聚一千。耆民李澍楷一千五。李逢超□□、貢生薛懷義二千。王文煥二千。戴有均一千。葉則儒一千。以上首事人。恒德典五千。悅來典四千。侯有福四千。東鎮煤行四千。監生郭浩三千。同益號、監生李永志各二千五。監生陳福潤、德興號、泰順號、新昇號、賈萬書、郭璉、郭虎陵、齊長順、監生郭德純、張清純、李全道、李太和、李逢澤，以上各二千。恒德號、義聚號、義泰號、新發號、大興號、長發樓、趙蘭、李法成、羅廣福、李寶賢、馮玉泰、李尚友、張林元、張天才、新興樓、泰來號、祥興號、永盛號、李尚發、藺松章、薛景發、李永昇、李逢道、戴書曉、陳萬倉、馮玉振、監生郭德恒、庠生郭德滋、金丙辰、戴書和、李子乾、復元糧行、李澍芳、李子富，以上各千五。徐蘭、費廣聚、陳福多、監生郭德行、曲聖奇、王永和、呂治成、李法旺、李逢祥、郭宣獻、郭宣模、郭宣化、郭宣智、張祥瑞、魏永功、李子孝、戴書祥、戴永新、徐和、張朝陽、張增、趙天一、徐太和、王思正、呂治順、監生戴禮基、李年、李永聚、戴禮正、張雙太、李全德、周進祥各八百。新盛號、新春號、新興號、新順號、順興號、同春堂、德興堂、同仁堂、義和號、李純學、庠生郭德懋、李泰玉、李相林、戴禮序、同茂和、永魁號、信和號、郭德成、大成店，以上各一千。呂興時、公盛號、戴永年、周從盛、姚永和、李永和、同升號、李逢春、李永章、楊修義、金丙林、李來玉、王書丹、魏盛林、李炳、劉基成、戴清治、張萬福、李永來、李永正、李岐玉各七百。韓武、盧炳、李逢奇、韓圪乃、戴傳度、劉寅生、永豐號、李逢時、李榮祿、李清奇、吳聚、李善治□五百。

大清道光貳拾年歲次庚子孟夏之月穀旦。

歡玉亭

道光庚子季夏

護理河北道即補沿海知府下北河同知長洲龔慶祥重建

加知州銜知□縣事關中陳祚康監修

候選□道□欽朱玉湛監修

427. 噴玉亭碑

立石年代：清道光二十年（1840 年）
原石尺寸：高 192 厘米，寬 70 厘米
石存地點：新鄉市輝縣市百泉風景區

噴玉亭
護理河北道即補沿河知府下北河同知長洲龔慶祥重建。
加知州銜知輝縣事閩中陳祚康、候選通判古歙朱玉湛監修。
道光庚子季夏。

清（三）

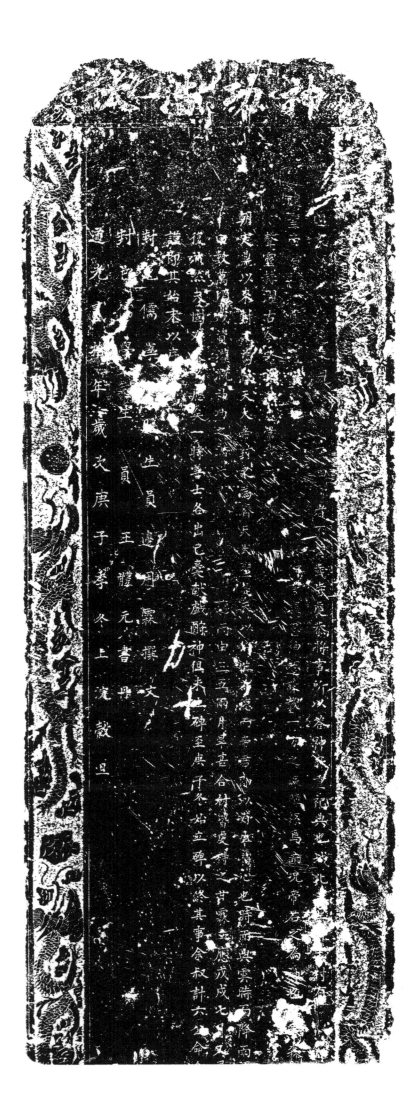

428-1. 關帝廟獻戲酬神碑記（碑陽）

立石年代：清道光二十年（1840 年）
原石尺寸：高 134 厘米，寬 47 厘米
石存地點：新鄉市封丘縣王村鄉劉王村關爺廟

〔碑額〕：神功浩大

国家……之在四乡者，不禁歲時虔恭將事，所以答神庥、重祀典也。城北三里劉王村有關聖帝君廟一座，……何曾□思神道設教，一方之保障系焉。而況帝君之爲神也，□□森严，聲靈赫濯，古今共□□心。当我朝定鼎以来，封之爲齊天大帝，封之爲齊天大聖，是天以好生爲德，而帝君即以好生□心也。時而興雲，時而降雨，□曰数萬頃哉，資灌溉神功之鴻，……之丙申，三、五兩月旱甚，合村皆虔祷之，甘霖立應。戊戌七月又旱，復沛然夫固□□□應矣，一時善士各出己囊，獻戲酬神，但未立碑。至庚子冬，始立碑以终其事。余叔計六公命余，謹即其始末以序□。

封邑儒學廩膳生員邊用霖撰文，封邑儒學生員王體元書丹。

道光貳拾年歲次庚子季冬上浣穀旦。

428-2. 關帝廟獻戲酬神碑記（碑陰）

立石年代：清道光二十年（1840年）
原石尺寸：高134厘米，寬47厘米
石存地點：新鄉市封丘县王村鄉劉王村關爺廟

〔碑額〕：萬古流傳

會首：曹礼錢一千文，周信錢伍百文，劉讓仁錢伍百文，劉海錢乙千文，李朝錢伍百文，王連元錢貳千文，陳光玉錢一千五百，張玉美錢貳千文，杜進員錢叁千文，張□□錢叁千文，周□□錢叁千文，王體□錢伍千文，周旺錢乙千文，劉拔錢乙千文，曹恂錢乙千文，劉興隆錢乙千文，邊若思錢伍百文，崔進成錢伍百文。王占元錢伍百文，周永安錢貳百文，周景和錢貳百文，周綸錢伍百文，姚河錢三百文，邊運燦錢五百文，曹瑾錢三百文，邊思温錢貳千文，邊清振錢貳千文，周丙南錢五百文，周立教錢五百文，陳日□錢五百文，曹文信錢五百文，……貴錢三百文，劉清□錢二百文，劉永錢二百文，劉萬倉錢二百文，曹德錢二百文，……劉振興錢二百文，周五星錢二百文，周五宵錢三百文，張百福錢二百文，張遇錢二百文，……邊远□錢二百文，□自琴錢二百文，李吴錢二百文，李景春錢二百文，李宗□錢二百文，……齊賢錢二百文，卫宝林錢二百文，边清剛錢二百文，边楠錢一百文，边楹錢一百文，边挺錢一百文，……□余氏錢一百文，边思義錢一百文，崔有仁錢一百文，王玉興錢一百文，郝礼錢三百文，張興錢一百文，張洪志錢二百文，崔得禄錢一百文，边金貴錢一百文，韓奇錢一百文，李柱錢一百文，边□南錢一百文，□□中錢五百文，吴喜錢四百文，边據錢三百文……

清（三）

429. 重建湯王廟聖殿碑記

立石年代：清道光二十年（1840年）
原石尺寸：高86厘米，寬48厘米
石存地點：焦作市博愛縣金城鄉武閣寨村湯王廟

〔碑額〕：碑記

湯王廟之建，稽古碑文，創自大宋慶歷六年，蓋由來遠……甫焕、皇甫承佑、皇甫振綱等倡衆捐資，重建聖殿三間，……蕪未克增修。數十年來，拜殿卑隘，阨塞神光，四帥殿又……本村善士皇甫士奇、皇甫發喜、皇甫維寧、皇甫在山等……帥神於拜殿內，復新修丹墀數丈，焕焉輪焉，拜殿之與大……者也。工既竣，爰筆爲文，以誌其事于不朽云。

邑庠……邑庠……

首事：皇壽捐錢二十千文，皇□喜捐錢十五千文，皇維寧捐錢二十千文，皇在山捐錢十千文。

會首：……皇步盈捐錢五百文，皇聚金捐錢五百文，張□修捐錢五百文，皇法江捐錢四百文，皇本恒捐錢四百文，皇聚安捐錢四百文，皇□□捐錢四百文，皇位明捐錢四百文，李□功捐錢二百文，□□□捐錢□□文……

張士宦捐錢二百一十文，王位南捐錢二百零七文，張士增捐錢二百零七文，皇全海捐錢二百文，皇成世捐錢二百四十四文，皇際成捐錢二百二十二文，□□太捐錢二百八十九文，□□□捐錢二百六十三文……

張永寧捐錢二百二十五文，張喜修捐錢二百九十四文，張懋修二百四十文，皇忠信捐錢二百六十二文，張永彪捐錢二百二十文，皇忠善捐錢二百文，皇志經捐錢二百文，皇守全捐錢二百文，王仁和捐錢二百文……

大清道光二十年……

430. 重修關聖帝君及長安橋碑文

立石年代：清道光二十年（1840 年）
原石尺寸：高 175 厘米，寬 63 厘米
石存地點：新鄉市原陽縣齊街鎮化莊村

〔碑額〕：萬善同歸

重修關聖帝君及長安橋碑文

陽邑東北五十里化家庄，舊有關聖帝君廟一座，正殿三間，拜殿三間，左有長安三空磚橋一道。是庙也，不知創自何時，修自何□□□□碑誌，見自明……修者，已經六次。嘉慶二十四年，馬儀口決，黃水澎湃而來，殿宇俱爲傾頹，神像俱爲剝落，而橋亦被水衝圮，今已二十餘年矣。有全□□□名楷，目睹心傷……宜重修。至於長安橋，本康熙五十二年，牛呈祥、刘行義創修，乾隆三十年牛星爛重修。今閣村公議同言，磚橋易於傾圮，何如石□□堅而弥固也。……凡係在庄戶者，每畝出□□百文，又請托四方官長、善士，各捐資財，以襄盛事。兹已功成告竣，勒石爲記。

總理會首李若楷捐錢伍千文，經理會首李調陽捐錢六千文，存錢會首刘□元捐錢肆拾伍千文，掌歷會首刘文會捐錢七千文，掌歷會首李□陽捐錢拾千文，掌歷會首刘士俊捐錢六千五百文，買辦會首牛振捐錢六千文，買辦會首牛得福捐錢捌千捌百文，買辦會首李令林捐錢六千七百文，買辦會首李山捐錢三千貳百文，催錢會首李成捐錢壹千文，催錢會首刘沛元捐錢貳千貳百文，崔錢會首李若旺捐錢三千四百文，催錢會首李毫捐錢七千八百文，管工會首趙山捐錢壹千五百文，管工會首焦芳捐錢肆仟貳百文，管工會首李璽捐錢叁拾千文，管工會首陳棟魁捐錢壹千八百文，管工會首陳儒捐錢三百文，總理會首牛挺生捐錢壹千七百文，總催會首楊魁捐錢壹千一百文……（以下人名及捐獻金額漫漶不清，略而不錄）

大清道光貳十年歲次庚子□月上浣吉日。

光緒十八年三月初四日栽柏樹。

〔注〕：本碑右側題名下"光緒十八年三月初四日栽柏樹"，字迹不同與本碑，應係後人補刻。

清
（
三
）

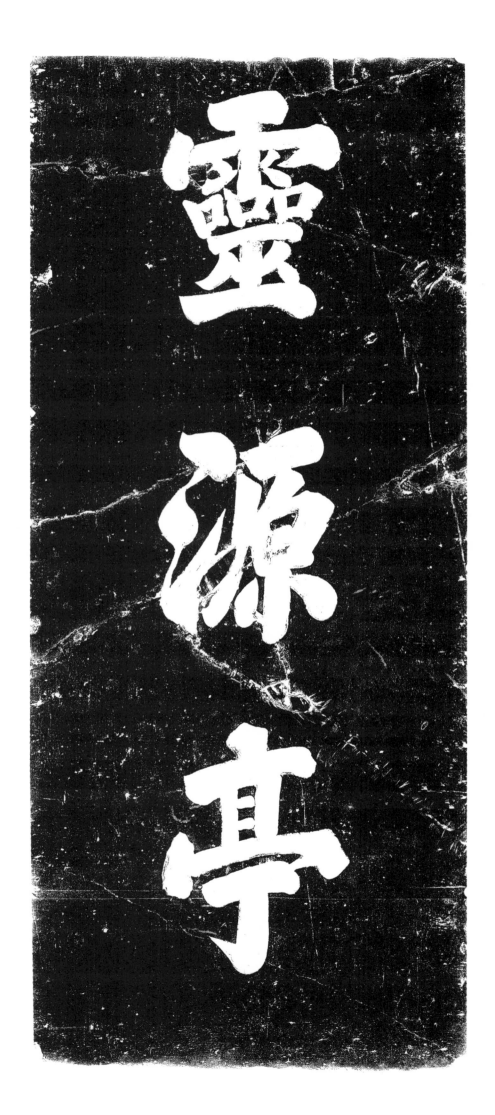

431-1. 靈源亭（碑陽）

立石年代：清道光二十年（1840年）
原石尺寸：高192厘米，寬72厘米
石存地點：新鄉市輝縣市百泉風景區

靈源亭

重修靈源噴玉一亭記

純皇帝尚遊豫之深恩俟文人學士駕于山川留有餘憾耳

縣蘇門山百門不山圓葱衛泉漾泛彌為

其靈源噴玉一亭僅餘基址片礫無存未足壯觀膽而標

天地之所特顯任令滅色責彼歸余何飛效滁州之豐樂為民樂扶風之喜雨為民喜也

遊豫之深恩俟文人學士駕于

聊即舊址飾其新裳藉彰

道光二十年庚
子孟夏
玉貴

加一知州街 知輝縣事 可中陳祚康監修
援通 判 飲朱玄湛
穀旦

431-2. 靈源亭（碑陰）

立石年代：清道光二十年（1840 年）
原石尺寸：高 192 厘米，寬 72 厘米
石存地點：新鄉市輝縣市百泉風景區

重修百泉靈源、噴玉二亭記

庚子季夏，余以履勘衛河泉源，至輝縣蘇門山百門泉，山圍葱蒨，泉漾漣漪，爲純皇帝南巡□蹕之所，歷年久遠，亭閣圮□，其靈源、噴玉二亭僅餘基址，片甓無存，未足壯觀瞻而標勝迹。以是捐廉修葺，令山色波光增其明媚。夫興廢舉墜，固守土者之所應爲，而毓秀鍾靈，實天地中之所特顯，任令減色，責□攸歸，余何敢效滁州之“豐樂”爲民樂，扶風之“喜雨”爲民喜也。聊因□舊址，飾其新窠，藉彰游豫之深恩，□使文人學士稅駕于范者，不爲山川留有餘憾耳。落成綴以短句，用質高賢。

護理□□即補沿河知府下北河同知長洲龔慶祥謹記。

□□□門勝，靈泉此溯源。脉通千罪遠，勢□一□□□□□天趣，澄清見道根。俳佪尋古井，中□登龍□□源□□亭崎□□，碎玉響玲瓏。□欲搖空月，□鏘戛遠風。孤琴吟外□，仙珮静中通。倘得作霖雨，千□祝歲豐。

加知州銜知輝縣事□中陳祚康，候選通判古歙朱玉湛監修。

道□二十年庚□穀旦。

清（三）

432. 下磑路井渠道管理斷結碑

立石年代：清道光二十二年（1842 年）
原石尺寸：高 69 厘米，寬 128 厘米
石存地點：三門峽市靈寶市大王鎮大王村

道光二十年十二月二十五日，授靈寶縣正堂加五級紀録十次，訊得好陽河自峪口以下，東則欒村、南宋、下磑、路井五村，西則□□村南□，向來澆灌地畝，□□用□需行水十日一輪，除欒村、南宋、磨頭、李曲等村，按照輪水日□□有渠道引水□，下磑輪水三日，路井按照輪水一日，向係一渠行水。從□□堆積砂石，攔河水於渠，謂之清口。流經下磑村南，分爲東西二渠行水，至下磑村北又合爲一渠，再由乾溝流至露井村南，歸入□村渠内備用。下磑、路井上游計距清口四里，路井又距下磑八里，計距清口十二里。前於道光十六年三月，因路井村張保材等控彭本法霸水害命一案，親詣該村勘驗，遵照前任十四年原断，飭令路井村□□□得水，其應派修渠，并渠地渠稞等項，均按行水日期，下磑村派認四分之三，露井派任四分之一，書載合同内，發兩村各執一據，完案。至十七年十一月，路井張福儒等人，又以下磑村李舒錦等違斷□□具控。逾十八年三月，會據下磑村杭樹業等，□□前斷未將修理清口斷明，路井村肯派工因而用水若情呈訴，蓋以該村□□未禀□行，攔阻訟，嚴行駁斥，傳集一干人等復訊，即據張金錫等人禀□，令路井認修清口工程，□息前來。據供，伊等從中處説，除西渠工段仍照斷案股派工外，□□遇有修理清口工程，若在三十工以内，下磑村不派路井行工，若在三十工以外的，按五股派工，下磑村行工四日，路井行工一日等語。因所處尚爲妥協，并提訊下磑、路井案内人等，均無异詞，當於前立合同内，硃砂添注，經取結完案印據。路井村韓勛等，復以清口渠工二項，究應各修各工，永杜□衅翻控。因該村已結復翻，嚴行申飭。惟所陳分修清口兩渠各修各工情節，尚係爲消弭後患起見，仍飭原處之張金錫查覆奪□。據張金錫禀稱，下磑、路井二村各執一辭，難以查清詳復，遂於本年十月批，候再勘訊奪。十一月，復加勘驗，集案再訊，當堂將分修合修利弊，向下磑村李舒錦等逐層開導，始猶狡執，繼稱合村公議，候回村公同商定，來案禀候復訊。查下磑、路井二村同渠行水，所有清口、西渠兩項工程，原應聯絡一□遵照前斷合辦，惟既經涉訟，均有宿案未釋，以後似應各修各工，兩無藉口，庶可永弭後患。緣下磑村東西二渠，各有澆灌入册地畝，每年種植田禾需用渠水孔急，路井則食用之餘，始行灌地。□約節交伏秋及雨澤愆期之時，方需此使用該處，好陽河東西兩岸各村，分引河水入渠灌地向章□，春分起至秋分止，按照十日輪水，周而復始。下磑輪水三日，或行□路井逢五一日之前，或行在後，抑□行在路井逢五前後之間，統計十日期内，修理清口二三次不等。若置夏令山水暴發，清口旋修旋冲，工程更難核計次数。路井上距下磑八里，計抵清口十二里之遥，即使按□協修清口，由該村撥派人夫前往，必在下磑撥夫之後。或下磑先齊，等候路井人夫不到，則下磑定有閑言。或路井人夫續到，而下磑人夫已散，則路井亦執有辭。始而忿争，繼而糾毆構訟，均爲勢所必至。前□下磑村李穠等共稱，該村自乾隆末年與李曲村因行渠水興訟，經路井村執據傍同供證，始□斷定兩村行水日期，以後極爲和協。從無派令路井修理清口渠之事。□年彼此争角，該村始以路井應行派工爲言。體察前後等□情况，兩村修理清口之工，宜分而不宜合，毫無疑議。至西渠濱臨好陽河岸，現爲河水冲塌，修理□無了期，且後兩村按照四股派工，亦應□分段落修，庶不致有後□□。候下磑村李舒錦禀覆到日，

飭令兩造另立合同標發，再行□□切結完案，可也。

　　道光二十一年四月二十一日，署靈寶縣正堂□，查道光二十年十一月二十八日，嚴前縣堂斷云：察看前後爭控情形，兩村修理清口之工，宜分□不宜□，□□□人云。統□下礦村李舒錦等稟復到日，飭令兩造另立合同標發，再行所具各切……之時，下礦村人并未在側，□云候李舒錦等稟復，則此□□在欲斷未斷之間，惟恐下礦村人，尚略有隱情未達。後因升任卸事，未及斷定，旋因李舒錦等赴州呈，批□□詳。而張寶材等亦續遞呈□控，經本□□加研訊，查下礦、路井二村共一渠，清口□□□春分□至秋分□，由好陽河引水入渠灌地。東西兩岸五村，按照十日輪水，周□復始。除李曲等四村另□□□輪過六日外，其下礦、路井二村共一清口，十日之內下礦輪用三日，路井一日，以逢五爲定。□□□循環無定，往往下礦用水，多行在路井逢五前後之間，是下礦方修清口，水未行畢，而路井從中截用，不勞而□，坐享其成，未免甘苦不均。因此路井人欲分修，而下礦欲合，尚可稍得幫助。彼此各執一詞，互控不休。查嚴前縣宜分不宜合之說，誠爲刀割水清，永斷葛藤。但下礦村究竟略有喫虧之處，恐據此斷定，仍然翻悔不休。今酌斷二村所共之清口，與其按輪水日各自修理，致下礦村於逢五日路井行水之時，無修之名，有修之實，而路井村人不受修之苦，坐等他人代修之甘，終令兩村爭訟無已。不若斷令下礦一村獨修清口，路井村止管逢五日行水，其修補不與相干。着路井村每□□春分起秋分止，共幫修費十二千文，春分之日交六千，秋分之日交六千，不得逾限，亦不准預支。至西□□已斷定照四分之一修補，今更令分定界限，由路井村自下而上，從宜修之處量起，以三十四弓爲止，立□爲界。倘水過損壞，着路井村修補，不與下礦村相干，其餘俱着下礦修補□與路井相干，倘此村不修，准彼村稟究。當堂書立合同三紙，下礦、路井各執一紙，餘一紙存案備查，永遠爲據，以斬葛藤，并取具各結銷案。如有翻悔，定行從重究治。合同附刻於後：

　　立合同人：下礦村李舒錦、杜集英、李穰、杭樹仁，路井村張寶材、張福儒、韓勛。情因渠道互控一案，今蒙訊明，下礦村與路井村所共之清口，如有沖壞之處，下礦村撥夫修補，不與路井相干。着路井村每年自春分起秋分止，共幫下礦村錢十二千文，春分之日交六千，秋分之日交六千，不得逾限，亦不准預支。所有兩渠水過坍塌之處，仍照四分之一補修，路井村自坍塌之處，由□量三十四弓，撥夫補修。餘有坍塌之處，着下礦村修補，不與路井村相干。倘彼此各有坍塌不修……執合同稟究。當堂書立合同三紙，標發路井、下礦二村各執一紙，一紙存卷，永遠爲據，以斷□□。如有翻悔，定行從重究治。

　　道光二十一年四月二十一日。

　　道光二十二年三月初八日勒石，永垂不朽。

《下磴路井渠道管理斷結碑》拓片局部

433. 創建津邑西官莊村橋碑

立石年代：清道光二十二年（1842 年）
原石尺寸：高 123 厘米，寬 52 厘米
石存地點：洛陽市孟津區橫水鎮官莊村

〔碑額〕：皇清　　　日　月

創建津邑西官庄村橋碑

功德主：監生李金寶子照輝施銀壹伯兩。□清泰施車路一条，在橋北，寬與橋同。李金德同弟武生萬昇移車路一条，在堂后，施錢八千文。化主：杜中魁子監生金鐘施錢一千文、化錢三十三千三百文。（其餘姓名漫漶不清，略而不録）

喬天錫刻石。

道光二十二年三月吉日立石。

清（三）

道光二十二年十月十八日立

東路富村東佈神像堤家

道光十七年合村人仝為賑食固苗共許改換

訴王全神牙至道光二十二年八月十二日合

村公議興工餘畫神像及十月初五日功成興

村中各商油門絲蓆共費代二十三千文屬村

人按地丁扳錢安出刻石誌之以垂不朽

六月十六日蝗虫至東來飛起雲巡月游

下雪盡地青苗吳社明頃刻六七日回二久八月

小虫来又吃麦苗人可使至年十五此丽于後人知

張長果書

鄉長張崇元

首事人趙得辱

張一元

孫萬安

434. 東路富村重飾神像是序

立石年代：清道光二十二年（1842 年）
原石尺寸：高 51 厘米，寬 51 厘米
石存地點：三門峽市湖濱區交口鄉富村玉皇廟

東路富村重飾神像是序

道光十七年，合村人同爲蝻食田苗，共许改換百龍王金神身。至道光二十二年八月十二日，合村公議，興工飾畫神像，及十月初五日功成。與村中各廟油門築墙，共費錢二十三千文，属村人按地所拔錢文出，刻石誌之，以垂不朽。

六月十六日，黄虫至東来，飛起雲遮日落，下雪盖地，青苗興旺時，頃刻不見田。二次八月小虫来，又吃麦苗，人可傷。荒年十無比，留于後人知。

張長恭書。

鄉長張崇元。

首事人：張一元、趙得寿、鄧萬安。

道光二十二年十月十八日立。

清（三）

435. 馬營村小丹水利碑記

立石年代：清道光二十三年（1843 年）
原石尺寸：殘高 139 厘米，寬 66 厘米
石存地點：焦作市沁陽市沁陽第一中學老校區

馬營村小丹水利碑記

小丹別乎大丹而言也，傳來創自宋之末年，源從九道堰起，下□投入沁河中間，自馬營村而上至米家車盤……買河身挑挖成渠，各砌石閘，使水□改流濟運，今東良士村東□沁故道石橋遺迹猶存。濟運之餘，□聽各閘……朝康熙二十九年修邑，援馬營等村之例，公□□河憲題奏："漕運民田均關國計，議定章程，每年自三月初一日起至……五日止，漕運之期，涓滴不准泄漏，其餘閒月聽從民間引用灌田。"奉旨俞允。雍正三年，撫憲田大人巡勘九道堰，見十六閘勢皆□□，□起爭端，諭令各各除去，償以東西兩民渠……不能□留此一閘與人無競，但一時河關寬大閘小，無……令河遼於南閘遺於北，以爲後日修復之……年，村民全天韜等稟明□邑主謝天，委令捕□余老爺，勘□舊閘遺址，令復改修今閘，村人不忘再造之恩，□立生……記。嗣後□忌之家屢欲撓敗□，蒙各□憲勘驗明確，馬營村北石閘由來已久，兩經□□□院會議奏明，既無妨於漕運……□□裨於民田，無不諭令馬營村恪遵奏定章程，自三月初一日起至五月十五日止，不使□□旁泄，其餘月日照例灌田，各各……炳如□星，是非各□憲私厚於馬營而故薄於□村也。蓋有例不可去，去則民命攸關，無以慰子惠之誼，無閘不可關開……人心多忮，必滋紛爭之端。所以馬營一閘不容□没，上下村庄不□增設也。理合勒石，永垂不朽云。

歲貢生候選訓導郭晴棟撰，廩膳生郭吉□。

時維龍飛皇清道光二十三年歲次癸卯孟春之吉馬營村合□公立。

重修靈山報忠寺大殿碑

余於道光丁酉秦簡未竣迤邐歷山川搜覽勝蹟於辛丑中伏時值旱災朝暮祈禱雨澤因而訪之父老僉曰城西靈山寺去城十五里上有池錄每逢不雨蒸炷此致虔修禳因循歲同儔致祭於祠但是山也名之曰靈斯地已熟悉焉非人家又見巍巍金碧輝煌定壯觀焉周學博者原符宜來古洛從此山之靈天產之果爾奇峰危崖森本古拍迎非人家又住僧持之也余自何答曰山之林木山庄之至寺之我培之也金由何答曰是寺也自來發方文開齋宇十方沙彌悉於此傅度久而香火熾地弛地獄資外寄者若干數欠外券者若干數自僧宏寶宏儒誓身於此親及甘年舊債完芝又苦為募化重修佛殿裝飾神像周垣完固皆二僧力也余甚嘉之因以儉勤守清持賜遂懮然曰余本里人徒不解佛屠事如二僧者亦可謂了一家術分自盡力者矣

賜進士出身知陽縣事海城李柏撰文
特授宜陽縣榜周嶪南書丹

本寺住持宏 住徒

化

主

大清道光二十三年歲次癸卯仲春月穀旦

全立

436. 重修靈山報忠寺大殿碑

立石年代：清道光二十三年（1843年）
原石尺寸：碑高180厘米，寬70厘米
石存地點：洛陽市宜陽縣靈山寺

重修靈山報忠寺大殿碑

余於道光丁酉奉簡來涖茲邑，土俗民情，尚未熟諳，未暇遍歷山川，搜覽勝迹。於辛丑中伏，時值旱災，朝暮祈禱雨澤，因而訪之父老，僉曰：城西靈山寺，去城十五里，上有池泉，每逢不雨，悉於此致虔修牒。因而偕我同僚致祭於茲。但是山也，名之曰靈，余未經斯地已熟悉焉。果爾奇峰危崖，森木古柏，迥非人寰。又見廟貌巍峨，金碧輝煌，實壯觀瞻。周學博者，原籍宜東古洛人也，答曰：山之靈天產之，山之林木山產之，至寺之栽培，乃住僧持之也。余曰何？答曰：是寺也，自來設方，大開齋室，十方沙彌悉於此傳度，久而香火廢弛，地畝質外者若干數，欠外券者若干數。自僧宏寶、宏儒誓身於此，儉以自奉，耒耜躬親，未及廿年，舊債完楚。又苦爲募化，重修佛殿，裝飾神像，周坦完固，皆二僧力也。余甚嘉之，因以儉勤守清持贈，遂憬然曰：余本聖人徒，不解佛屠事，如二僧者，亦可謂了一家循分自盡者矣。

賜進士出身知宜陽縣事海城李柏撰文，特授宜陽縣教諭庚午科副榜周嶽南書丹。

化主：監生刘文清、張文成，各五千文。監生張金秀、貢生張廷柱、監生白廣鎮、貢生白習耿、監生白玉珍、孔傳道、牛憲海，各施錢三千文。李朝陽共化錢四千文。監生趙九章、祁天舉、張依仁、拔貢高月桂、白永廣、白永魁、從九白玉泝、陳文元、監生郭振新，各施錢二千文。白習禄化錢二千五百。生員葛紹先、史好銘、張虎、監生閆清、閆希善、李復明、陳維屏、張益，各施錢二千文。陳萬倉錢一千文，白懋德一千二百。王毓璧、霍士成、霍士獻、閆希天、張之陵、柳建章、張天魁，各施錢一千五百文。張容、柳邦彥、韓福新，各一千文。白玉麒、白玉田、監生趙九昇、李文昇、生員高之灼、王玭、監生楊述聖、丁魁、武生苗天魁、苗天爵，各施錢一千文。監生張逢時、張鸞、□文進、□□成、孔毓珩、監生陳奠一、李萬魁、葛南華、魯先登、葛文儒，各施錢一千文。張有德、侯德俊、于新年、張德邦、柳成章、馬如龍、侯居仁、刘睿成、李延化、李乃新，各施錢一千文。侯世官、馬元秀、柳文深、葛廷舉、黃永安、趙學義、李萬順，各施錢一千文。監生張萬清、葛大士，各施錢七百五十文。周廷杰五百。翟清、侯安民、陸德秀、馬元成、馬元相、張鋸、李士卓、張述枝、王治本，各施錢五百文。

本寺住持：宏儒、宏松、宏壽、宏鑑、宏寶、宏明。侄徒：宣科、宣玉、宣純、宣成、宣應、宣文、宣桂、宣彪、宣岐、宣教、宣定、宣戒。孫：祖田、祖德、祖義、祖蘭、祖同。

嵩邑雲崖寺僧、化主宣化捐錢壹拾千整。

琉璃匠袁鳳燾，木匠趙學義，泥水匠陳廷秀，鐵匠李新發，石匠黃世魁。

同立。

大清道光二十三年歲次癸卯仲春月榖旦。

重修海凸峽龍神祠碑記

437. 重修海凸坡龍神祠碑記

立石年代：清道光二十三年（1843 年）
原石尺寸：高 179 厘米，寬 69 厘米
石存地點：洛陽市伊川縣鳴皋鎮季溝村

〔碑額〕：皇清

重修海凸坡龍神祠碑記

伏維豫號中州，其間名山大川、廣輿志乘，班班可考，未嘗有海也。而嵩境海凸何稱焉？訪昔獻傳龍門未鑿先此名，汝陽江、伏牛諸山水，皆匯於此，汪洋浩瀚，不知幾千里。而蒼茫冥漠之中露一峰，儼然有瀛洲、蓬萊、方丈狀。衆神之，因名海凸。舊有龍王廟，創建不知何代，迨元至正二年，河南、淮北蒙古軍副都萬戶惜禮佰吉駐札孔□之重修。我朝雍正甲寅，馬庄王君諱廷琚者，又捐資募化而重修焉。乾隆庚午以至辛亥，復修二次，皆後裔碑銘所紀，又在人耳目間。迄今五十餘載，而廟貌幾將頹敗，目睹心傷，不知凡幾。而慨然興繼述志，廷琚公曾孫書田公，猶懼有獨爲君子之嫌，約會臨近各村善士，共襄厥事，而密邇宇下，有李君、張君等□同溝竭盡心力，不憚勞焉，從茲鳩工飭材，不數旬而廟復煥然，是數世積德累仁，賴諸君同心共濟而俱也。余因不揣固陋，略叙顛末，勒諸貞珉，且旌善人。

邑增廣生員王式金度如氏撰文，率子庠生騰甲薰沐書丹。

功德主：馬□王書田施錢捌仟文。

經理事：季春光施錢一千五百，監生張仲謀、監生季長安、監生季春龍，以上各施□五百文，

化主：武生王中魁施錢三千，李春華施錢三千，師嚴施錢三千，王同文施錢三千，鄭力田施錢三千，馬凌雲施錢三千，王開泰施錢二千，鄭燕施錢二千，監生王名世施錢一千五百，楊守恭一千五百，貢生方銘一千五百，監生員履中一千五百，尚起孝一千五百，鄭文田一千二百，師文朝一千，楊□□一千，楊萬鎰一千，監生楊德淵一千，監生楊德超一千，王天福一千，紀鑑一千，耆老姜濟禄一千，監生姜景元一千，員生周南一千，監生姜有和一千，晋天路一千，陳中元一千，耆老黃如琼一千，從九李長貴一千，從九王書山一千，紀長有一千，屈而鳳一千，耆老苗廷選一千，陳萬傑一千，楊時一千，庠生李昇一千，方蘭一千，馬超群八百，監生姜有書七百，監生高中元七百，趙連城七百，耆老王名升五百，王步斗五百，王佰虎五百，監生李讓五百，王金□□百、苗世□□百、金明□□百、楊德□□百、姜道□□百、王三□□百、李金□二百。

木匠高秀五百。塑匠：許丙午、王文奇。玉工：邊遇泰。

道光二十三年歲次癸卯律中仲呂穀旦立石。

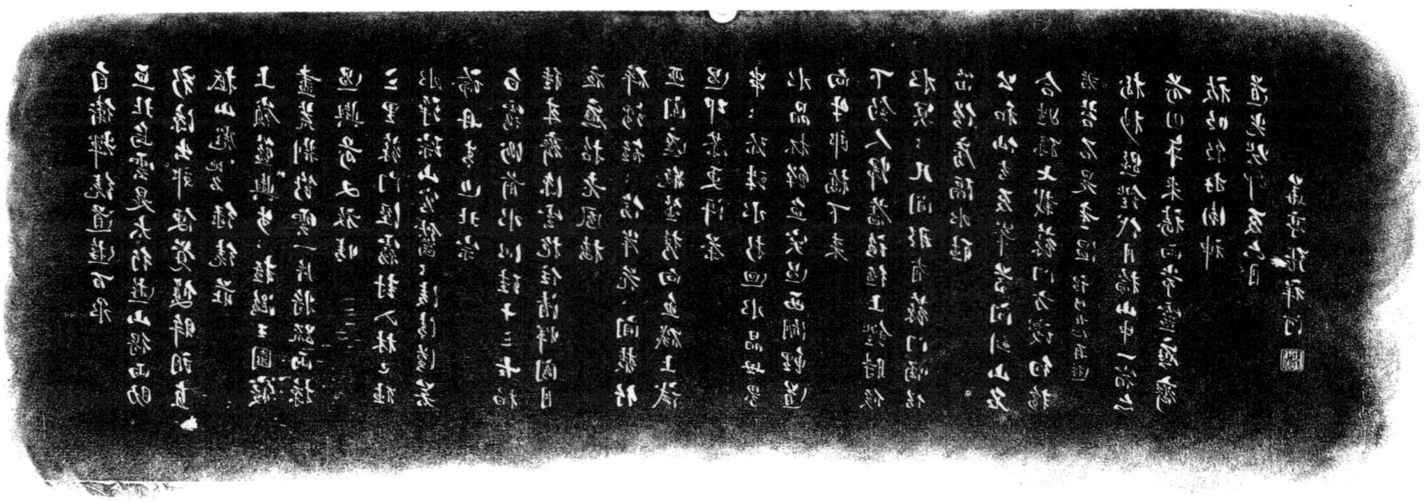

438. 自衛輝繞道游百泉

立石年代：清道光二十三年（1843 年）
原石尺寸：碑高 46 厘米，寬 117 厘米
石存地點：新鄉市輝縣市百泉風景區

自衛輝繞道游百泉

亙北烏雲是太行，游山得雨助新涼。出郊便覺雙眸朗，直抵山彪（地名）綠繞莊。

上嶺籃輿步步輕，潞王園寢盡荒荊。□雲一片將疏雨，掠過輿前又放晴。

三里蘇門徑霧封，入林已聽水凈琮。山宏䜴䜴凌清漢，若論丹青止北宗。

白霧洲前水似珪，十三古柏種春齊。涼雲抱住清暉閣，月夜應招老鳳栖。

碎□□□傷岸花，花間叢竹亞闌遮。瓶笙携向虫磯上，試遇邛茶更洱茶。

串串珍珠水□迴，水晶世界水晶杯。蟬魚突遇西湖鯉，道向牛郎橋下來。

下釣人歸舊路徑，上鐙時候水冥冥。凡間那有蘇門誦，俗笛僧房隔水聽。

公和仙去夏峰□，問到山名合姓孫。七載蘇門方踐約，□君苔石是重溫。

□河古心再游

□抄□鐙代月輪，山中一宿亦前川。年來禱雨常靈應，齊祐明朝□□神。

道光癸卯夏六月。

華亭張祥河。

碑記

439. 創修龍大王廟宇

立石年代：清道光二十四年（1844 年）
原石尺寸：高 105 厘米，寬 50 厘米
石存地點：焦作市博愛縣寨豁鄉黃塘村孤山龍大王廟

〔碑額〕：碑記

創修龍大王廟宇

嘗聞村庄之盛衰，賴以神聖之庇庥；廟貌之興廢，憑於人力之作爲。今據河內縣東北距城八十五里，當河之中□□□□厥名之曰孤山。山之上，築修廟祠，可爲一方保障。但意欲修葺，而無財動用，其可悼爲何如乎！於是闔社糾集一處，公□計議捐資成會，滋積錢兩，以備興工之費。首會王進平等善念感發，宛然有修興之志，不憚勤勞，經之營之。自道光八年癸亥月開工，起修理廟宇一間，盤路一條，并金妝龍大王神像。至六月停工止，修理一律完竣，煥然成新，以全闔社善念之誠。共費錢七十三千五百文，所有施財善人姓名開列於後，是以勒石，永垂不朽云。

老會首：母生銀錢五千三百四十文，王進財、王進平錢十二千五百二十文，母元成錢三千五百二十文。催工會首：葛永生錢三千九百四十文。母元府錢四千四百八十文，林永富錢二千文，母元興錢三千五百二十文，大笭村还水錢二千二百文。

申子法錢一千六百文，葛太進錢一千文，母元富錢一千文，林順全錢六百文，刘天章錢六百文，馬永順錢十三千文，賀萬德錢四百文，尚殿有錢四百文，母元貴錢五百文，母元花錢五百文，林士通錢六百文，張玉国錢六百文，王永正錢一千文，張天德錢四百文，張進京錢四百文，刘法興錢四百文，林士俊錢四百文，林萬成錢四百文，林萬榮錢四百文，李旺福錢四百文，楊福興錢四百文，楊福禄錢四百文，張元祥錢四百文，張元德錢四百文，杜世廉錢四百文，張元惠錢四百文，張元迎錢四百文，林士英錢四百文，郜禄州錢四百文，郜振梁錢四百文，芦振虎錢四百文，芦振堯錢四百文，趙子玉錢四百文，焦元福錢四百文，張錫智錢四百文，林萬金錢四百文，林萬銀錢四百文，芦見義錢四百文，郜永春錢四百文，陳步銀錢二百文，陳步宝錢二百文，陳步禄錢二百文，陳世太錢二百文，陳世同錢二百文，陳世忠錢二百文，母兆官錢二百文，母成乾錢二百文，母成富錢二百文，杜天書錢二百文，王進保錢二百文，郜振文錢二百文，申子崗錢二百文，母兆軒錢二百文，靳生宝錢二百文，王法王錢二百文，芦文高錢二百文，高武振錢二百文，芦文魁錢二百文，芦文重錢二百文，芦文明錢二百文，郜振武錢二百文，郜禎存錢二百文，林通全錢三百六十文，母成才錢二百文，郜振學錢二百文，趙法興錢二百五十文，林朝全錢二百五十文，陳洪太錢一百二十文，郜永秋錢一百。

石匠：王開正、段思直、李辛法。大木：馬天枝。花匠：苑師付。

同立。

時大清道光二十四年六月二十日。

皇清

光緒二十四年六月　日　役

440. 重修五龍宮碑記

立石年代：清道光二十四年（1844年）

原石尺寸：高145厘米，寬54厘米

石存地點：洛陽市偃師區邙嶺鎮省莊村

〔碑額〕：皇清

　　五……之初，後代之姓氏尚在，歷年既屬失久遠……而□之不□興□於今人也。幸有□公等心傷風雨之漂搖，意慮年歲之飢饉，欲鳩工而總思爭先，孰輸財而惟或恐後，有志未逮，虛願難償，乃出己資，而謀築室。倡於前者善念自堅，屬鄉人而冀從事，和於後者誠心各著。由是廟貌巍巍，共樂拜禱有地；因之神像煌煌，公頌保佑可憑。睹是舉者，心力已瘁；興是役也，功德無限矣。至於火神廟重爲培補，固賴信士之捐施；五道殿再爲修理，無非諸公之勤勞。於是□□貞珉，克配前人之光，因以圖夫来許，莫負今日之志。是爲記。

　　邑庠生馬駿撰文，馬象乾書丹。

　　明崇禎三年創建。

　　（功德主漫漶不清，略而不録）

　　道光二十四年六月穀旦。

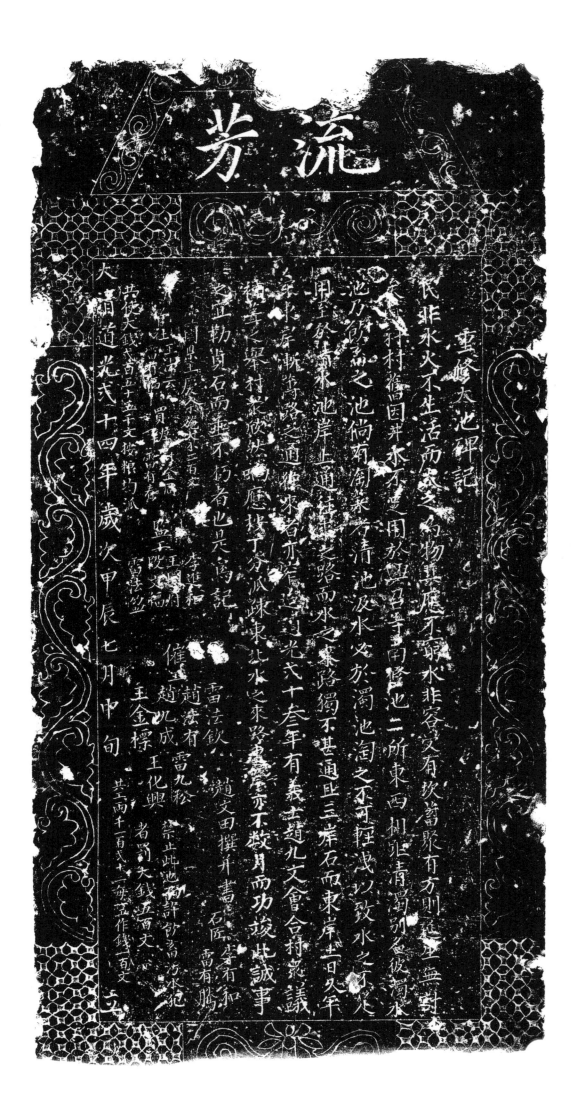

流芳

重修太池碑記

441. 重修大池碑記

立石年代：清道光二十四年（1844 年）
原石尺寸：高 99 厘米，寬 48 厘米
石存地點：安陽市林州市東崗鎮下燕科村興照寺

〔碑額〕：流芳

重修大池碑記

民非水火不生活，而人之爲物，其應不窮。水非容受有坎，蓄聚有方，則延生無討矣。燕科村舊因井水不足用，於興召寺南修池二所，東西相距，清濁別名。彼濁水池乃飲畜之池，倘有淘菜者，清池汲水，必於濁池淘之，不可輕泄，以致水之不足用。至於清水池，岸上通往來之路，而水之來路獨不甚通。且三岸石而東岸土，日久年深，東岸漸薄，路之通往來者亦窄。迨道光貳十叁年，有義士趙九文會合村衆，議補葺之舉。村衆欣然响應，按丁分派，疏東北水之來路，東□亦不數月而功竣。此誠事之宜勒貞石而垂不朽者也。是爲記。

趙文田撰并書。

壺關縣王慶余施大錢二百文。管社：王法云、雷有福。買辦〔辦〕：付全周、雷有春。監工：李進和、王國府、段文福、雷法盈。催工：雷法欽、趙法有、趙九成、王金標、雷九松、王化興。

禁止：此池不許飲畜污水，犯者罰大錢五百文。

共使大錢貳百五十五千文，按糧均派。共工兩千一百貳十三，每一工作錢一百文。

石匠李有和、雷有騰。

大清道光貳十四年歲次甲辰七月中旬立。

流芳

創修
龍神殿碑記

龍之為靈昭昭也方其遵時養晦蓋尋常汞寸耳開年及其鼓長風乘懸雲感震雷神

變化搏扶搖而上之則普天任其巷舒誧膏澤施下之則大地宏其施濟霖雨蒼生

之功亦甚神矣乎夫神固無在而無不在而廟則神之所棲者也於是命工師

勤撲斲塗丹雘不日成之而神之靈奧貿式憑焉勒石以垂不朽云

鄭郡優廩生路鳴鑾撰文

秦家庄儒童馮士奇書丹

大清道光二十四年歲次甲辰初冬月上浣

肯

豎立

442-1. 創修龍神殿碑記（碑陽）

立石年代：清道光二十四年（1844 年）
原石尺寸：高 136 厘米，寬 57 厘米
石存地點：安陽市林州市任村鎮尖莊村龍關廟

〔碑額〕：流芳

創修龍神殿碑記

龍之爲靈，昭昭也。方其遵時養晦，蓋尋常尺寸之間耳。及其鼓長風，乘懸雲，感震雷神変化，搏扶搖而上之，則普天任其卷舒，沛膏澤而下之，則大地宏其施濟。霖雨蒼生之功，亦甚神矣乎！夫神固無在而無不在，而廟則神之所栖者也。於是命工師勤撲斲、塗丹臒，不日成之，而神之灵爽實式憑焉。爰勒石以垂不朽云。

鄴郡優廩生路鳴鑾撰文，秦家庄儒童馮士奇書丹。

社首：申丙朝、楊公良、楊公珍、申荣清。攢首：申秉衷、楊公滿。管賬：楊永祥、申秉元。買辦：楊茂林、申秉孝。催工：申秉安、楊公良。木匠：陳大智。塑匠：谷鵬鳴。石匠：許文太。泥水匠：程方喜、張第坤，施錢二百文。

時大清道光二十四年歲次甲辰初冬月上旬竪立。

清（三）

碑　陰

施財姓名開列於後

其中牌庄

楊母庄　施小二百文

供一桌　施小一千文

白家庄　全社有供

王容平　施小一百五十文

王宗全　施小一百文

白彬　施小四百文

西尖湛村

楊九福　施家一百文

楊公湍　施小一百文

楊公良　施不二百　地界六厘

和感廣

供一桌　施樹一株

共做工三百七十个

共花小一百五十五千二百文

442-2. 創修龍神殿碑記（碑陰）

立石年代：清道光二十四年（1844 年）
原石尺寸：高 136 厘米，寬 57 厘米
石存地點：安陽市林州市任村鎮尖莊村龍關廟

〔碑額〕：碑陰

施財姓名開列於後：

桑耳庄：桑中旺施錢二百文。楊耳庄：供一桌，施錢一千文。白家庄：同社有供，王平安施錢一百文，王安倉施錢一百文，白彬施錢四百文。西尖湛村：楊九福施錢一百文，楊公滿地界六厘，楊公良地界一分，和盛磨施錢二百文、供一桌、施樹一株。

本村：楊清明施錢九百四十文，楊公富施錢三百三十文，楊永和施錢二千四百五十文，楊公秀施錢九百五十文，楊永年施錢一千二百八十文，楊永增施錢一千一百九十文，楊玉明施錢一千九百六十文，楊玉林施錢三百八十五文，申丙朝施錢一千二百六十文，申丙君施錢七百六十文，楊公良施錢一千二百七十文，陳國口施錢三百八十三文，楊公順施錢七十五文，楊公旺施錢三百文，楊永祥施錢四千八百文，申丙艮施錢四百七十文，楊伏林施錢五十文，申丙立施錢二百一十文，申丙法施錢四百二十文，常天奇施錢一百文，申丙章施錢二百八十文，申荣成施錢二百二十文，楊茂林施錢一千八百五十文，楊松林施錢二千二百文，楊公滿施錢四千三百三十文，楊公榮施錢八百文，楊公和施錢四百五十文。申丙元施樹一株，楊聚明施錢一百文，楊永伏錢六百文，楊青山錢一千六百二十文，楊公平錢一千六百九十文，申荣清錢二千四百八十文，楊公法錢八百六十文，申丙才錢七百三十文，申丙坤錢三百九十文，申丙安錢六百三十文，楊公成錢四百文，申丙金錢九百一十文，申丙臣錢八百一十文，申丙元錢二千二百七十文，申丙珍錢三百六十文，申荣掌錢二百八十文，楊永清錢八百九十文，申秉衷錢二千七百五十文，申丙孝錢一千三百三十文，申九林錢一千五百文，楊公珍錢一千九百八十文，楊公奇錢三百九十文，楊公富錢一千四十文，楊公顯錢一千五百四十文，申丙良錢七十五文，楊公祥錢二百八十文，申丙春錢三百三十文。

女化首：楊門谷氏、楊門盧氏、楊門谷氏、楊門白氏、楊門王氏、楊門楊氏、楊門石氏、申門陳氏、楊門谷氏、申門桑氏、楊門白氏、申門石氏、楊門石氏、楊門張氏、申門楊氏、楊門谷氏、楊門白氏、申門石氏，楊門常氏、申門白氏、申門桑氏、申門白氏、楊門趙氏、楊門陳氏。

收麦：楊松林、申丙臣、楊盛名錢一百文。

共做工三百七十個，共花錢一百五十五千三百文。

清（三）

443. 重修五龍廟碑記

立石年代：清道光二十四年（1844年）

原石尺寸：高103厘米，寬64厘米

石存地點：洛陽市嵩縣閆莊鎮五龍廟村五龍廟

〔碑額〕：萬善同歸

重修五龍廟碑記

盖聞莫爲之前，雖美不彰；莫爲之後，雖盛弗傳。……經營建立，以爲禱雨祈年之所，誠盛舉也。奈年……幸有王君諱義、□君諱文蔚，目睹心惻，宛起重修……王君諱金龍、張君諱玉瑞等，共酌其支費，諸君……余觀其廟貌焕然，不禁欣然有感曰：非王君、朱……趨事赴功，絶無异志。余不敏，聊叙之，以誌□□。

邑庠生劉錫田□，邑庠生□華□。

首事人：王義施錢□千文。朱文蔚施錢六千文。

化主：張魁施錢五百，化錢五千三。王明德施錢一千，化錢八千文。喬鳳書施錢五百，化錢十千。王金龍施錢五百，化錢五□。陳有福施錢五百文。王生魁施錢三千文……

龍飛道光二十四……

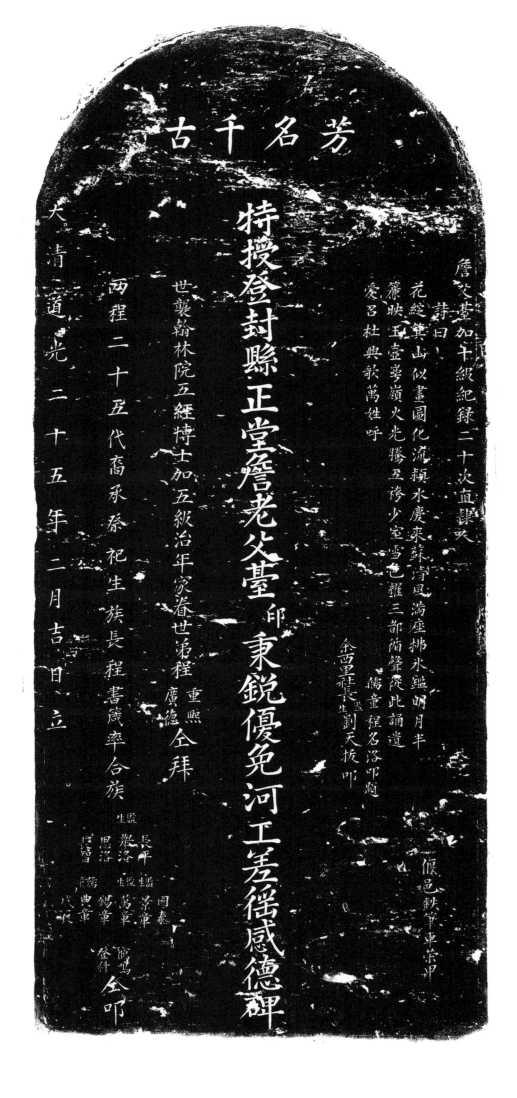

芳名千古

特授登封縣正堂詹老父臺印東銳優免河工差徭感德碑

詹父臺加千級紀錄二十次直隸趾

詩曰

花綻箕山似畫圖化頑水慶來蘇膏風滿座拂氷鑑明月半
簾映玉壺琴嶺火光騰五袴少室雪色耀三部循聲陡此誦遺
愛呂杜典歌萬姓呼

余西里社長生劉天拔叩題
觸童程名洛叩題

世襲翰林院五經博士加五級治年家眷世弟程廣德仝拜

兩程二十五代裔承蔡祀生族長程書箴率合族

大清道光二十五年二月吉日立

444. 優免河工差徭感德碑

立石年代：清道光二十五年（1845 年）
原石尺寸：高 122 厘米，寬 52 厘米
石存地點：洛陽市伊川縣江左鎮程村程氏祠堂

〔碑額〕：芳名千古

特授登封縣正堂詹老父臺印秉銳優免河工差徭感德碑

詹父臺加十級紀錄二十次，直隸人，詩曰：花綻箕山似畫圖，化流潁水慶來蘇。清風滿座拂冰鑒，明月半帘映玉壺。粵嶺火光騰五袴，少室雪色耀三都。循聲從此誦遺愛，召杜興歌萬姓呼。

儒童程名洛叩題，余西里社長監生劉天拔叩。

世襲翰林院五經博士加五級治年家眷世弟程重熙、程廣德同拜。

兩程二十五代裔承祭祀生族長程書籤率合族：長平、監生舉洛、思洛、長智、國泰、監生景章、監生萬章、錫章、儒童典章、戊□、鶴鳴、登科同叩。

偃邑鐵筆：車榮甲。

大清道光二十五年二月吉日立。

445-1. 京控開封府原斷爭水碑記（碑陽）

立石年代：清道光二十五年（1845 年）
原石尺寸：高 175 厘米，寬 71 厘米
石存地點：三門峽市靈寶市大王鎮西路井村

〔碑額〕：皇清

特授歸德府通判李開第、特授開封府知府長臻督、□補通判文奇、同候補知縣張彥卿會審。

看得靈寶縣民張玉璽京控李穆等攔截水道，屢控不究□情一案。緣張玉璽籍隸靈寶縣，經管路井村渠務。靈邑有好陽河一道，自東南山峪發源西流，漸折而北……其發源□流之處南岸，河灣、下礄、路井三村及沿河各有村莊，均由好陽河開渠引水，灌田食用。河灣村地處上游，下礄村在河灣村之下游，路井村又在下礄村之……向係各村分日輪用，輪到此村用水之日，各自築埝攔截，用完後將埝扒開放水下注，周而復始。下礄、路井兩村向用東西兩渠之水，下礄村每輪用水三日，路井村……一日。嘉慶二十二年，西渠上游被水冲塌一段，道光十四年六月間，西渠又被河水冲塌一段。下礄村用價買地，另修渠道，路井村民□未幫工。下礄村渠司彭本法……井村用水，經路井村民張寶材等呈控，經該前縣李令勘訊，斷令下礄村行工三日，路井村行工一日，渠水仍照舊章輪用。十五年間，路井村民張兆麟等，因東渠向……理，指稱該村向在東渠用水，不應幫修西渠工程，在縣翻控。經該前縣嚴令飭差孟自強協同里書薛貴榮查明，西渠水流暢順，東渠水勢平緩，路井村實在西渠……復經嚴令詣勘屬實，仍照李令原斷，應派修渠之費及渠地糧銀等項，照用水日期，下礄村攤派三分，路井村攤派一分。向有每年清理渠口之費，其時未經斷及。……村民張福儒等不肯幫修渠口，以下礄村民霸水等情赴縣呈控，經張金錫等理處，渠口工程在三十弓以內，不派路井村，三十弓以外，按五股攤派，下礄村攤派四……攤派一股，即照所處飭遵。路井村民韓勛等欲將清口□渠兩項各修各工，赴縣具呈，又經該縣嚴令勘訊，尚未定斷。二十一年閏三月間，下礄村民李穆等不願……赴陝州具控，批飭該署縣柴令差傳訊明，路井村相距渠口路□，撥夫幫工恐致遲誤。斷令：渠口工程歸下礄村獨修，每年路井村幫貼下礄村修費錢十二千文，分……季□交。并將西渠分定界限，從坍塌應修之處量起，自下而上，以三十四弓爲□，令路井村修補，與下礄村無涉。其餘俱令下礄村修補，與路□無涉干，取結完案。二十……間，西渠坍塌過甚，工程浩大，不能修理。李穆、李謙、杭樹仁、杭樹業在河灣村王□、彭盛林地內開小橫渠一道，橫接東渠，引水流入西渠。每逢用水日期，李穆等向王……橫渠放水，所以水照舊行。張玉璽逢五用水之日，既未向王喜等情借橫渠，埝亦無人扒開，以致水不下流。張玉璽心疑係李穆等抗工不修，勾串王喜等攔截水道……役薛貴榮、孟自強受賄捏報。先後赴布政司暨撫部院衙門具呈，批飭訊詳，經周令票差李法順傳訊，因夏令水大，西渠水已下流，飭令仍照原斷，嗣後如西渠坍塌……修復，准路井村民借用東渠之水，完工後仍用西渠之水。迨至秋冬水涸，西渠斷流，東渠之水仍不欲下，張玉璽仍疑李穆等攔截，起意京控，寫就呈詞。又因彭盛林……疑係李法順不傳，一併添砌詞內，赴京在都察院衙門具控。訊供取結，咨解回豫。蒙委候補縣吳令前往，會同代理靈寶縣趙令勘明渠道，繪圖稟復，提集人卷來省……審辦。遵既會委員提集研究，各供前情不諱。查下礄、路井兩村，所用好陽河東西兩渠之水，現經委員勘明，東渠中間淤塞，水歸西渠。西渠上游坍塌，水已斷流，由……橫接東渠，上游流入西渠，下游由下礄村至關帝廟前，東

西兩渠舊日合流之處，折流路井村陂池，是現在路井村所用之水。既由東渠引至西渠，折流而下，其引……渠，係在王喜、彭盛林地內，路井村既欲用水，自應向王喜等情借橫渠，扒埝瀉放。令既據張玉璽央允，王喜等情願借給，應即斷令准其由小橫渠逢五扒埝，用水一……誼。至清理渠口修費，仍照該前縣柴令原斷，路井村民每年幫貼下磴村民錢十二千文，分作春秋兩季清交。其西渠坍塌工段，現在無力修補，將來興修，或續有坍……令原斷，分定界限，各自修補，彼此不得推諉。張玉璽因李穑等於應修坍塌之西渠，并不修理，輒由王喜等地內橫開一渠，引水入西渠，折流而下，初不知向借橫渠……以致水不下流，是其控出有因，并非憑空妄告。至稱伊等賄串書役矇獎，亦由於懷疑所致，且係空言，并未指實其人其事，情有可原。惟於該縣斷結後，秋冬水小……并不赴縣呈告，輒即京控，實屬越訴，張玉璽應請照越訴律笞五十，折責發落。李穑、杭樹仁、杭樹業、王喜、彭盛林訊無攔截水道，里書薛貴榮、皂役孟自強，亦無受賄……均無庸議，案已訊結，未到人證，免提省累。再查薛貴榮、孟自強本係牽連，并無應訊重情。杭樹業年近七旬，彭盛林現在患病，均經卑府等於訊明後，先行摘釋。除取……所有審擬緣由，是否允協理合，具詳解候會該勘轉等情到司，據此本兩司審看相同，理合會詳，呈請□台監核，移咨□察院查照。

龍飛道光二十五年三月京控開封府原斷。

清（三）

1093

《京控開封府原斷爭水碑記（碑陽）》拓片局部

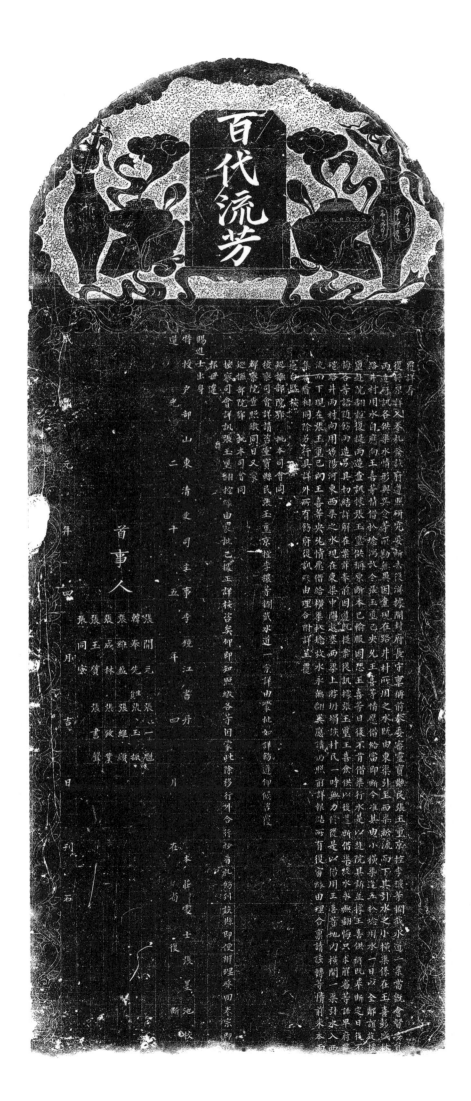

百代流芳

首事人

445-2. 京控開封府原斷爭水碑記（碑陰）

立石年代：清道光二十五年（1845 年）
原石尺寸：高 175 厘米，寬 71 厘米
石存地點：三門峽市靈寶市大王鎮西路井村

〔碑額〕：百代流芳

覆詳看：

復將原詳人卷札發該府，遵照研究，妥斷去後。滋〔茲〕據開封府長守稟稱，前奉委審靈寶縣民張玉璽京控李穡等攔截水道一案，當既會督委員兩造研訊，各供渠水情形，與吳令等所勘無異。因查現在路井村所用之水，既由東渠引至西渠，折流而下，其引水之小橫渠係在王喜、彭盛林□□，路井村用水，自應向王喜等情借扒堎瀉，故令張玉璽已央允王喜等情願借給。當即斷令，准其由小橫渠逢五扒堎用水一日，以全鄉誼。旋據□□璽赴院翻控，復提兩造查訊。據張玉璽供稱：原斷本已輸服，因恐王喜等日後不肯借渠行水，是以赴院具訴。并據王喜供稱：既奉斷定，日後不□□悔吝等語，隨飭兩造，另具切結，詳解在案。茲奉前因，遵既提案復訊，據張玉璽、王喜僉供，以後遵斷，借渠放水，永無翻悔，只求解審等語，卑府覆□□礑、路井兩村向用好陽河東西渠之水，現在東渠中間淤塞，西渠上游坍塌，該村民一時無力修復，是以借用王喜等地內橫開一渠，引水入西□，□流而下。現在張玉璽已向王喜等央允，情願借給橫渠扒堎放水，永無翻異，應請仍照前詳報結。所有復審緣由，理合稟請該轉等情前來本兩□□集審看相同。除另行具詳外，所有飭府復訊緣由，理合附詳呈覆憲台監核。巡撫部院鄂批本司會同按察司會詳，請咨靈寶縣民張玉璽京控李穡等攔截水道一案詳由，蒙批如詳飭遵，仰候咨覆都察院查照繳。同日又蒙巡撫部院鄂批本司會同按察司會詳，訊張玉璽翻控緣由，蒙批已據正詳核咨矣。仰即知照繳各等因，蒙此除移行外，合行抄看札飭到該縣，即便辦理，發回卷宗，即查報毋違。

賜進士出身特授戶部山東清吏司主事李鏡江書丹，本莊處士張墨池校□。

道光二十五年四月，在省復斷。

首事人：張開元、韓奉先、張維盈、張成林、張玉質、張同寅、張一魁、生員張玉振、張維顯、張致業、張書聲。

咸豐元年四月吉日刊石。

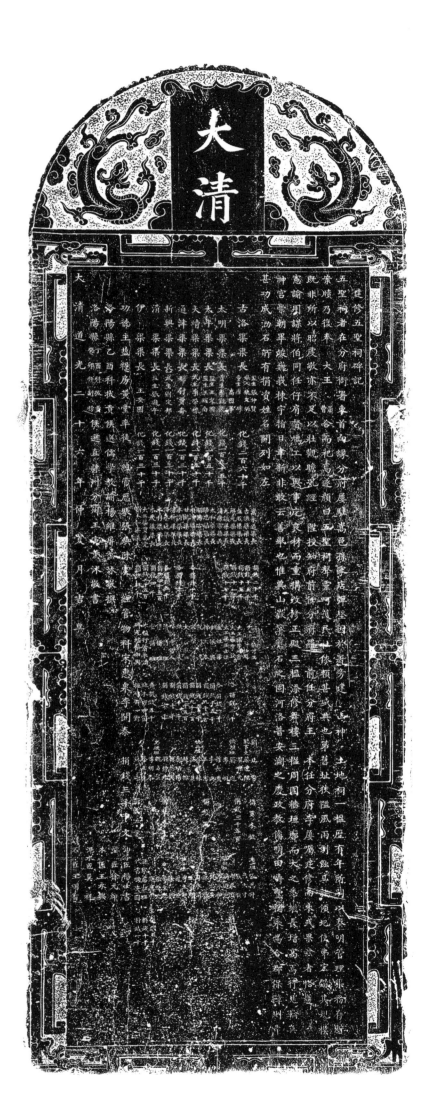

大清

建修五聖祠碑記

五聖祠者在分府衙署東向緣分府廠住高邑豫家店……

……神宮紫朝甲辰歲……

……功成功石所有捐資姓名開列如左……

古洛渠長 化錢二百六十千
太明渠渠長 化錢二百……千
未年渠渠長 化錢一百……十
大晴渠渠長 化錢一百二十千
通洋渠渠長 化錢……
新典渠渠長 化錢一百……
清渠渠長 化錢二百三十……

伊德主盐裡房 王安國
功德主盐裡房黄堂車社
洛陽縣乙酉科拔貢……
洛陽縣癸酉科舉……侯選直隸州……分府王安……

大清道光二十六年仲夏月吉旦

446. 建修五聖祠碑記

立石年代：清道光二十六年（1846 年）
原石尺寸：高 176 厘米，寬 64 厘米
石存地點：洛陽民俗博物館

〔碑額〕：大清

建修五聖祠碑記

五聖祠者，在分府衙署東首。向緣分府屬駐嵩邑孫家店彈壓，因於署旁建山神、土地祠一楹，歷有年所。嗣以奉明管理渠務，存貯案牘，乃復奉大王蕭曹合而祀焉，遂顏曰"五聖祠"。聲靈呵護，民社依賴，甚盛典也。第舊址狹隘，風雨剝蝕，且就傾圮，使弗宏敞，其規模既非所以昭虔敬，亦不足以壯觀瞻。況經陞授知府、前任分府羅、前任分府王、本任分府李屢囑建修而未或果。兹者恪遵憲諭，用謀將伯同任仔肩，督鳩工以興事，庀良材而重構，改修正殿三楹，添修舞樓三楹，周圍墻垣廓而大之，悉繼長增高焉。行見輪奂神宮，崇朝畢竣，巍峨棟宇，指日聿新，非敢云善舉也，惟冀山嶽翠磐石之固，河洛普安瀾之慶，政教修明，田疇豐稔，永爲合郡保障。則幸甚。功成泐石，所有捐資姓名開列如左。

洛陽縣乙酉科拔貢候選儒學教諭楊維屏薰沐敬撰，洛陽縣丁酉科拔貢癸卯科副榜候選直隸州分州王寅薰沐敬書。

古洛渠渠長：監生張仲賢、舉人魏文炳、童生唐璩、高國華，化錢二百六十千。大明渠渠長貢生李覲光，化錢一百九十五千。太平渠渠長：監生王定國、監生王耀南，化錢一百五十千。大靖渠渠長武生李榮標，化錢一百五十千。通津渠渠長都尉賈崙，化錢一百三十千。新興渠渠長武生劉定邦，化錢一百三十千。清渠渠長監生張進午，化錢一百三十千。伊渠渠長王安國，化錢一百三十千。嵩永通渠長捐錢二十千，古洪渠渠長捐錢十五千，盤石渠渠長捐錢十五千，解元渠渠長捐錢十一千，天議渠渠長捐錢十七千。清康渠渠長、太和渠渠長、洛惠渠渠長、順陽古渠渠長、順清渠渠長，各捐錢十千。甘鶴渠渠長、永濟渠渠長，各捐錢六千。清和渠渠長、洛永通渠長，各捐錢五千。永利渠渠長捐錢四千五百，永慶渠渠長捐錢四千。大工渠賈萬党捐錢三千五百。靳人和渠渠長捐錢二千。大工渠長付生、陳中魁，大工渠里時會，大工渠里欽，各捐錢二千。大工渠王士法、金姓渠，各捐錢一千。姚振興捐錢十五千，陳大岑捐錢九千六百，龍門渡捐錢五千，宋殿揚捐錢九千六百，太平店渡日捐錢一千五百，鐵謝鹽廠捐錢十一千，勝興寺僧人捐錢十千，洛捕班捐錢六千，偃捕班捐錢，登捕班各捐錢五千。木植行蕭永清施木方四個，磚瓦窑柴中興施石獅一對，劉廷秀購買木植。聽事吏蔡連陞、翟保元捐錢三千五百。快頭班齊彪、李明、穆長順、李興、王河，捐錢五千。快二班李廷棟、潘進、趙標、郭炳南、孫萬興、孫榮光，捐錢五千。皂頭班魏占鰲、李明泰、蔡玉魁、蘇□□，捐錢五千。皂二班張萬升、孟大才、張順、邱永順，捐錢五千。壯頭班劉進元、李永和、□太安、陳魁、周永清、王學科，捐錢五千。壯二班李太和、龐煥、徐興、李文魁、張魁元、寇應標，捐錢五千。孫家店壯班捐錢十千，代書楊安國捐錢一千。

功德主：鹽糧房黃堂率徒、經管歷賬張煥、陳震、經管物料宋惠泉、李開泰，捐錢三十千文。

油漆匠：楊士書。塑匠：徐元仰。木匠：王永興。泥水匠：冀祥。石匠：王明智。

大清道光二十六年仲夏月吉旦。

重修渠道碑記

宜西岳神村東龍潭寺溝古渠一道循古崖行十三　　餘丈屢修屢頹勢難永久

時有段君朝進惻自動念因與村眾商議同收貲鑒洞三十餘丈渠既崩溻

之患地亦不得耕種之加而其地也洞竟告竣同及地價則分

文不圖問及糧與銀分董不計村人無不知感至於渠上舊規婁蒙王公斷盛

程屋村輪流五日灌地永無爭端本村人水戶六十餘家共水六十六畝內每公成

秕無工水五分李雖聲無工水一畝五分此盖因渠占地即以地畝工此有王溝

東渠地一段輿仝建學渠西地一段渠損破地餘地皆許仝建學耕種者有當賣地

者水亦隨地當賣除地價外每畝即出道水錢二千文入渠止以脩補修渠道之用

迨今到來成永享樂利眾願刻諸石以存永遠懿懿之

一歲貢士侯遇剖尋米象賢撰

楊居中書

徐之錫

總理段朝進

貢生全登元　新富生李界京珍

貢生全成年　全建京　全管科　全登科　全界珍

大清道光二十年歲次丙午十月　　穀旦立

合村公等仝立

447. 重修渠道碑記

立石年代：清道光二十六年（1846 年）
原石尺寸：高 115 厘米，寬 56 厘米
石存地點：洛陽市宜陽縣張塢鎮岳社村

〔碑額〕：皇清
重修渠道碑記

宜西岳社村東龍潭寺溝，有古渠一道，循土崖行水三十餘丈，屢修屢壞，勢難永久。時有段君朝進觸目動念，因與村衆商議，同收資財，鑿洞三十餘丈，渠既無崩漏之患，地亦不碍耕種之力。而其地乃李君魁聲之地也，洞既告竣，問及地價，則分文不圖，問及糧銀，則分毫不計，村人無不知感。至於渠上舊規，屢蒙縣主公斷，與程屋村輪流五日灌地，永無爭端。本村共水户六十餘家，共水六十六畝，内有仝成科無工水五分，李魁聲無工水一畝五分，此盖因渠占地，即以地敵工也。又有主溝東渠地一段，換仝建學渠西地一段。渠損破地餘地，皆許仝建學耕種。若有當賣地者，水亦隨地當賣，除地價外，每畝即出過水錢一千文入渠，止以備補修渠道之用。迄今水到渠成，永享樂利，衆願刻諸石，以存久遠，故誌之。

歲進士候選訓導宋象賢撰，楊居中書。

總理：段朝進。渠長：仝光元。經理：李珍、仝光成、仝光年、徐之錫、靳富生、李魁光、仝建京、仝登科、仝登魁。合村人等同立。

時道光二十□年歲次丙午十月中浣穀旦。

大清

448. 合村重修龍王廟碑文

立石年代：清道光二十六年（1846年）
原石尺寸：高162厘米，寬56厘米
石存地點：洛陽市新安縣五頭鎮馬荆扒村

〔碑額〕：大清

合村重修龍王庙碑文

從來有始事者，以開其美；尤貴有踵事者，以繼其盛。莫爲開之，雖美弗彰；莫爲繼之，雖盛弗傳。邑北馬荆村旧有龍王庙一座，係康熙五十二年創建，功德主王君諱賓、郭君國正及化主宋君文斗、孫君謙、張君敬同心協力創修。巍然歷年，於兹百有餘歲矣，風雨漂搖，棟宇剥落，不足以妥神聖之灵，即不足以慰創修之志。每來焚香者，莫不惻然。丙午春，有王君金璧、孫君智等動念重修，惜力不逮，以庙後山墙外有柏樹二株，訪之工人，時值錢資，可給重修費用。因與父老謀，群相稱善。於是，金璧等踴躍從事，卜吉動工，歷春迄夏，内庙成而外墙亦就。然庙雖新而神像仍旧也，復將修庙所餘錢文，將本庙及庙東三仙聖母堂依旧金妝，從新繪画，九月起工，十月告竣。因求序於余，余學疏才陋，不堪爲文，僅以継創修之由，申而明之，勒諸貞珉，以志不朽。

公議：庙後庙西共計地一百九十一尺，今換庙前王希皋地一百九十一尺。外王希皋又施地七百零九尺。庙後從滴水檐起，東西三丈五尺六寸長，庙前東西二丈六尺長，南北東西山墙各五丈一尺長。言明群墙内迎路五尺寬，圍迎路栽樹，近墙未許栽樹。

庠生游震來薰沐敬撰，後學王瑞亭沐手敬書。

山主王希皋地係次子王金魁施。功德主：王金璧、王□。首事人：孫智、王樹。木工：薛金魁。泥工：蘇化。

道光二十六年十月谷旦同立石。

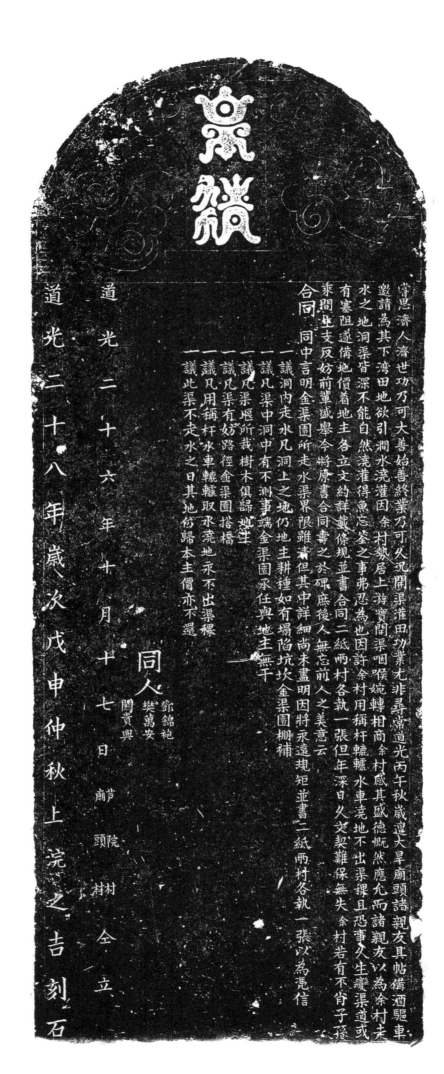

常思濟人濟世功乃可大善始善終業乃可久況開渠灌田功業尤非尋常道光丙午秋歲遭大旱廟頭諸親友其帖橫酒驅車
邀請為其下灣田地欲引洞水澆灌因余村勢居上游實間渠咽喉婉轉相商余村感其盛德慨然應允而諸親友以為余村走
水之地洞渠皆深不能自然澆灌得魚忘筌之事弗忍為也因許余村用稱杆水車轆轤水車澆地不出渠稞且恐事久生疊渠道或
有塞阻遂備地價著地主各立文約詳載條規並書合同二紙兩村各執一張但年深日久契難保無失余村若有不肯子孫
秉間生支反妨前輩盛舉今將原書合同壽之於碑庶後人無忘前人之美意云

合同

一同中言明金渠園所走水凡洞上之地仍地主耕種如有塌陷坑坎金渠園棚補
一議洞內走水凡洞中有不測事端金渠園承任與地主無干
一議凡渠堰所裁樹木俱歸遊生
一議凡渠有妨路徑金渠園搭橋
一議凡渠中洞中有不測事端金渠園承任與地主無干
一議此渠不走水之日其地份歸本主價亦不還

道光二十六年十月十七日蘆頭院村村全立

同人
鄧錦祧
樊萬安
關貫興

道光二十八年歲次戊申仲秋上浣之吉刻石

449-1. 開渠灌田合同碑（碑陽）

立石年代：清道光二十八年（1848年）
原石尺寸：高146厘米，寬56厘米
石存地點：洛陽市新安縣鐵門鎮蘆院村

〔碑額〕：皇清

嘗思：濟人濟世，功乃可大；善始善終，業乃可久。況開渠灌田，功業尤非尋常。道光丙午秋歲遭大旱，廟頭諸親友具帖備酒，驅車邀請，爲其下灣田地欲引澗水澆灌。因余村勢居上游，實開渠咽喉，婉轉相商，余村感其盛德，慨然應允。而諸親友以爲余村走水之地洞渠皆深，不能自然澆灌，得魚忘筌之事，弗忍爲也。因許余村用稱杆轆轤水車澆地，不出渠稞，且恐事久生變，渠道或有塞阻，遂備地價，着地主各立文約，詳載條規，并書合同二紙，兩村各執一張。但年深日久，文契難保無失，余村若有不肖子孫乘間生支，反妨前輩盛舉。今將原書合同壽之於碑，庶後人無忘前人之美意云。

合同：同中言明，金渠園所走水渠界限雖清，但其中詳細尚未盡明，因將永遠規矩并書二紙，兩村各執一張，以爲憑信。

一議：洞內走水，凡洞上之地，仍地主耕種，如有塌陷坑坎，金渠園棚補。

一議：凡渠中洞中有不測事端，金渠園承任，與地主無干。

一議：凡渠堰所栽樹木，俱歸地主。

一議：凡渠有妨路徑，金渠園搭橋。

一議：凡用稱杆水車轆轤取水澆地，永不出渠稞〔課〕。

一議：此渠不走水之日，其地仍歸本主，價亦不還。

同人：鄧錦袍、樊萬安、關貴興。

道光二十六年十月十七日芦院村、廟頭村同立。

道光二十八年歲次戊申仲秋上浣之吉刻石。

自來王道之行先見於鄉鄉規不立則父兄之教不先何怪子弟之率弗遵余村前輩父老素有鄉規如賭
博訛詐等項俱嚴飭刊刻漫滅加以年荒歲歉遺規盡壞非聚黨肆橫即平空
訛詐甚至引誘無知子弟哄騙逐起有穿窬入室者有盜代樹
木及田園菽麥者種種惡俗難以枚舉余等恐轉相效尤因於本年三月間以復整鄉規等詞呈請

仁
天主劉主案下蒙批存卷照議遵行猶恐其火而或忘因勤諭貞珉敬錄金批如左
批查賭博之徒禁甚嚴賭窩娼家之為害最烈蓋賭則窮窮則為盜理勢相因事所必至乃遊情之民不務生業設
局聚黨盤賭窩娼引誘良家子弟一經墮其術中日就吞剝初則破產傾家旋至寡廉鮮恥或藉端訛詐甚
歷善良而鼠竊狗偷滋奸莫此為甚窩賭出示曉諭在案茲撼該紳耆等呈請嚴查拿究辦外飭
務惟在紳耆等之矜式勸導維持風化是所厚望焉除密訪查拿稟辦即照議遵行可也

一凡犯賭者罰磚五百窩賭首賭者罰磚十千捉賭者得所罰一半輸贏俱消減如有盤賭等項情節較重者隨時議處
一凡偷竊五穀及南瓜豆角柿子之類無論男婦每人罰錢五百夜間加倍拿獲者得所罰之錢一半
一凡聚黨肆橫平空訛詐及引誘無知子弟哄騙財物謀人產業者公同議處
一凡演戲酧神婦女非五十以上十二以下者白晝不許觀戲違者議處

首事人

監生　袁運升　　生監　袁鳳台
　　　袁整科　　生監　袁中強
　　　袁玉年　　貢主　裴鳳閣
老書　裴方升　　貢主　呂慶雲
　　　裴鳴升　　老書　呂東漢

大清道光二十八年中秋上浣之吉蘆院村全立

449-2. 開渠灌田合同碑（碑陰）

立石年代：清道光二十八年（1848 年）
原石尺寸：高 146 厘米，寬 56 厘米
石存地點：洛陽市新安縣鐵門鎮蘆院村

自來王道之行，先見於鄉。鄉規不立，則父兄之教不先，何怪子弟之率弗。謹余村前輩父老素有鄉規，如賭博訛詐等項，俱嚴戒飭，刊刻在碑。但今人往風微，碑記漫滅，加以年荒歲歉，遺規盡壞，非聚黨肆橫，即平空訛詐，甚至引誘無知子弟哄騙財物，且多方謀人產業。於是，棍徒愈熾，攘竊遂起，有穿窬入室者，有盜伐樹木及田園菽麥者，種種惡俗，難以枚舉。余等恐轉相效尤，因於本年三月間以復整鄉規等詞，呈請仁天劉主案下，蒙批存卷，照議遵行。猶恐其久而或忘也，因勒諸貞珉，敬錄金批如左：

批查賭博之例禁甚嚴，賭博之為害最烈，蓋賭則窮，窮則為盜，理勢相因，事所必至。乃游惰之民，不務生業，設局聚黨，盤賭窩娼，引誘良家子弟，一經墮其術中，日就吞剝，初則破產傾家，旋至寡廉鮮恥，或藉端訛詐，欺壓善良，甚而鼠竊狗偷，長盜滋奸。莫此為甚。節經出示，曉諭在案。茲據該紳耆等具呈，洵為敦厚風俗之要務，惟在紳耆等為之矜式勸導，維持風化，是所厚望焉。除密訪查拿究辦外，飭即照議遵行可也。

一、凡犯賭者，罰磚五百；窩賭首、賭者，罰磚一千；捉賭者，得所罰一半；輸贏俱消滅，如有盤賭等項，情節較重者，隨時議處。

一、凡偷竊五谷及南瓜、豆角、柿子、棉花、樹木之類，無論男婦，每人罰錢五百，夜間加倍；拿獲者，得所罰之錢一半。

一、凡聚黨肆橫，平空訛詐及引誘無知子弟，哄騙財物，謀人產業者，公同議處。

一、凡演戲酧神，婦女非五十以上、十二以下者，白晝不許觀戲，違者議處。

首事人：佾生裴運升、監生裴登科、耆老裴玉年、監生裴方升、耆老裴鴻升、監生裴鳳台、生員裴中强、裴鳳閣、生員呂慶雲、呂東漢。

大清道光二十八年中秋上浣之吉芦院村同立。

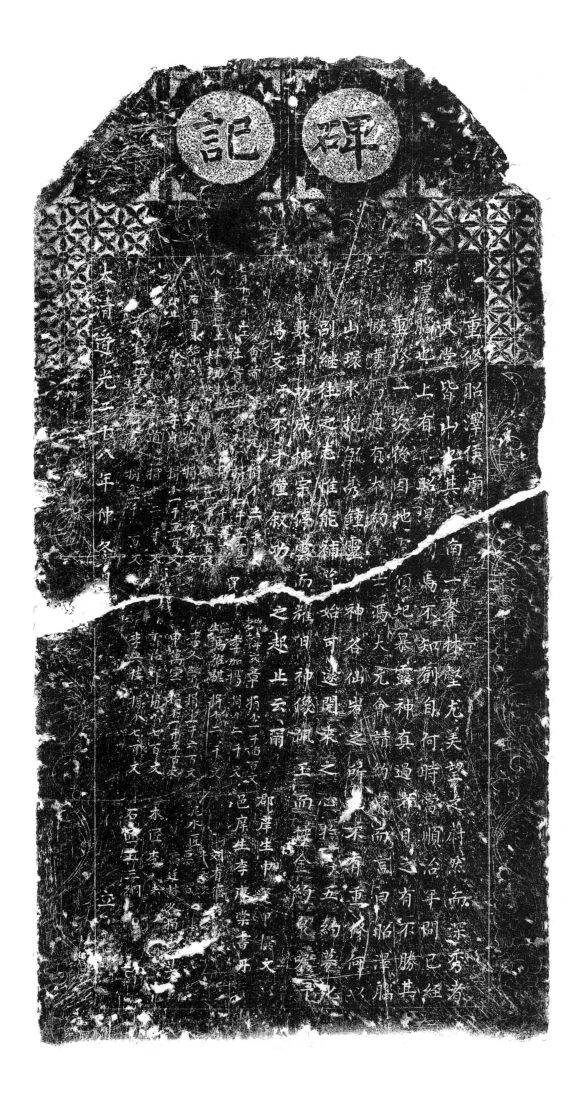

450. 重修昭澤侯廟記

立石年代：清道光二十八年（1848 年）
原石尺寸：高 104 厘米，寬 50 厘米
石存地點：安陽市林州市河順鎮河順村天堂山龍王廟

〔碑額〕：碑記

重修昭澤侯廟記

　　天堂皆山也，其□南一峰，林壑尤美，望之蔚然而深秀者，昭澤腦也。上有昭澤廟焉，不知創自何時，當順治年間，已經重修一次。後因地震傾圮，暴露神真，過者目之，有不勝其慨嘆焉。適有本約善士馮大元會請約衆而言曰：昭澤腦山環水抱，毓秀鍾靈，□神谷仙岩之所□，不有重修，何以副繼往之志？惟能補葺，始可遂開來之心。於焉五約募化，數日功成，棟宇停雲而耀日，神像佩玉而披金。約衆囑予爲文，予不才，僅叙功□之起止云爾。

　　郡庠生申逢甲撰文。邑庠生李賡棠書丹。

　　七月十九日上工，八月十三日下土，其地庙后有水，功成即止。

　　會首馮大元捐錢三千文，社首貢生牛金和捐錢二千五百文，料理□□魏太俊捐錢一千五百文，申逢甲捐錢一千五百文，始出魏大花捐錢二千文，□掌曲守貞捐錢一千五百文，監工監生李有道捐錢二千文，監工武生李麟書捐錢一千八百文。買□：耆老韓文章捐錢一千四百文，李加揚捐錢二千文，監生馮維騏捐錢二千文，李久榮捐錢一千六百文。催錢：申萬宝捐錢一千五百文，郭治郊捐錢七百文，李興桂捐錢七百文。

　　泥水匠：刘有德、牛永法、栗智、高廷林。木匠：李人去。石匠：王三綱。各捐錢□百文。

　　大清道光二十八年仲冬月立。

清（三）

黄河流域水利碑刻集成·河南卷　四

重建子在川上石坊碑記
辉縣學宮上丁專祀之外復有蘇門山文廟祀以中丁亦禮也玆新篤縣志明季壬午沭梁遭敵被
湮次年補行鄉試移於百泉書院於百泉書院而圓以棘先是書院後廟祀孔子額曰子在川上至是急迫
遷聖像十賢像於荒祠而廟額俱廢見者盛然邑紳冀應熊者是科中儁者也倡置文廟於蘇門山
而移山巔舊祀之呂公堂於東南隅人咸趨之嚴後康熙乾隆間官紳屢加修葺多易以石為經久
計嘉慶十六年宋郡紳蔣子蒲過此捐資屬修併易兩廡以石惟坊則身木頂瓦額川上二字道光

丙午秋余屢任時坊敔斜將傾矣亦欲易以石顧年饑時絀經始綦難監生張懈衎有幹才固使之
政作保衛詞諸貢士孟大炳庠生孫鋸謀咸合規畫既之五閱月而成額宇則庠生史序詮所書經
費則取諸監生朱樹芳所捐公項錢五百貫又取為增修百泉東北兩門之資焉用省而
工堅是不可不記或曰孔子嘗人逝者如斯之歡當在魯之洙泗汶沂汶而不在衛之百泉也兖州府
志滋陽縣東北一里有閭紫泉流入泗一泗史記孔子生昌平鄉昌平山名括地志云在兖州泗水南六
十里太平寰宇記曲阜縣北五里南為泗水北為洙水夫子所居背洙面泗汶水出泰山萊蕪縣原

山漢書云琅邪朱虛縣東泰山汶水所出閭百詩謂閭子汶上之汶當在徐州游水逕魯之零門注
於泗水謂之小沂水與杜預所謂大沂水者別曲阜有溫泉在縣南七里流入沂舞雩壇在沂水之
南曲阜縣南六里曾晢風浴棋遲徒進在於此康熙二十三年
聖祖東巡經泗水東境幸泉林寺指示曰此當是子在川上處乾隆十五年
高宗駐蹕百泉藻翰星懸而未及川上今坊額母乃假借與輝輝曰至聖之道之神在天下古今如
日月經天江河行地不可於一鄉一隅求之昔人廟於斯坊於斯題額於斯仰以狀登東山登泰山

之意俯以寓濯江濯漢之情以此為安我夫子之地非必謂即夫子釣遊之地也抑更有說焉夫子
五至衛衛之水莫大於百泉君子見水必觀論語多以類記第九篇所記蒙牛子貢皆衛人畏匡即
在去衛反衛時事好德之臣章為衛而發又安知亞稱於水者之不在此也此間
為宋元以來理學名臣聚呂之所得夫子臨於上吾道源流具在居遊者低徊景仰即以此坊為美
墻之見也可道光戊申年直隸州用輝縣知縣衛山陳焯㔻書時同官教諭閭其泰訓導楊保
恒胡秉鈞安法曾著訓導趙鑅白泰異主簿高元莊把總侯中元典史金遠暉得備書

451. 重建子在川上石坊碑記

立石年代：清道光二十八年（1848 年）
原石尺寸：高 163 厘米，寬 36 厘米
石存地點：新鄉市輝縣市百泉風景區

重建子在川上石坊碑記

輝縣學宮上丁專祀之外，復有蘇門山文廟，祀以中丁，亦禮也。考新舊縣志，明季壬午，汴梁遭寇被湮，次年補行鄉試，移試院於百泉書院，而圍以棘。先是書院後廟祀孔子，額曰"子在川上"，至是急迫遷聖像、十賢像於荒祠，而廟額俱廢，見者蹙然。邑紳冀應熊者，是科中俊者也，倡置文廟於蘇門山，而移山巔舊祀之呂公堂於東南隅，人咸韙之。厥後康熙、乾隆間，官紳屢加修葺，多易以石爲經久計。嘉慶十六年，宋郡紳蔣予蒲過此，捐資屬修，併易兩廡以石。惟坊則身木頂瓦，額"川上"二字。道光丙午秋，余履任時，坊欹斜將傾矣。亦欲易以石，顧年饑時絀，經始綦難。監生張保衡有幹才，因使之改作。保衡詢諸貢士孟大炳、庠生孫錕謀，皆合。規畫既定，五閱月而成。額字則庠生史存詮所書，經費則取諸監生朱樹芳所捐公項五百貫之內，有餘，又取爲增修百泉東北兩門之資焉。用省而工堅，是不可不記。或曰孔子魯人，"逝者如斯"之嘆，當在魯之洙泗沂汶，而不在衛之百泉也。《兗州府志》：滋陽縣東北一里有闕黨泉，流入泗。《史記》：孔子生昌平鄉。昌平，山名，《括地志》云在兗州泗水南六十里。《太平寰宇記》：曲阜縣北五里，南爲泗水，北爲洙水。夫子所居，背洙面泗。汶水出泰山萊蕪縣原山。《漢書》云：瑯邪朱虛縣東泰山，汶水所出。閻百詩謂：閔子汶上之汶，當在徐州，沂水逕魯之雩門，注於泗水，謂之小沂水，與杜預所謂大沂水者別。曲阜有溫泉，在縣南七里，流入沂。舞雩壇在沂水之南，曲阜縣南六里，曾皙風浴，樊遲從游在於此。康熙二十三年，聖祖東巡經泗水東境幸泉林寺，指示曰：此當是"子在川上"處。乾隆十五年，高宗駐蹕百泉，藻翰星懸，而未及川上。今坊額毋乃假借與，焯墀曰：至聖之道之神在天下，古今如日月經天、江河行地，不可於一鄉一隅求之。昔人廟於斯、坊於斯，題額於斯，仰以狀登東山、登泰山之意，俯以寓濯江、濯漢之情，以此爲妥我夫子之地，非必謂即夫子釣游之地也。抑更有說焉，夫子五至衛，衛之水莫大於百泉，君子見水必觀。《論語》多以類記，第九篇所記琴牢、子貢皆衛人。畏匡即在，去衛反衛，時爲臣章，必子路仕衛事，好德章爲衛而發，又安知亟稱於水者之不在此也。此間爲宋元以來，理學名臣聚足之所，得夫子臨於上，吾道源流具在，居游者低徊景仰，即以此坊爲羹墻之見也可。

道光戊申年直隸州用輝縣知縣衡山陳焯墀撰并書。時同官教諭閻其泰，訓導楊保恒、胡秉鈞、安法曾，署訓導趙鏻、白春昇，主簿高元莊，把總侯中元，典史金遠暉得備書。黔筑張新鐫。

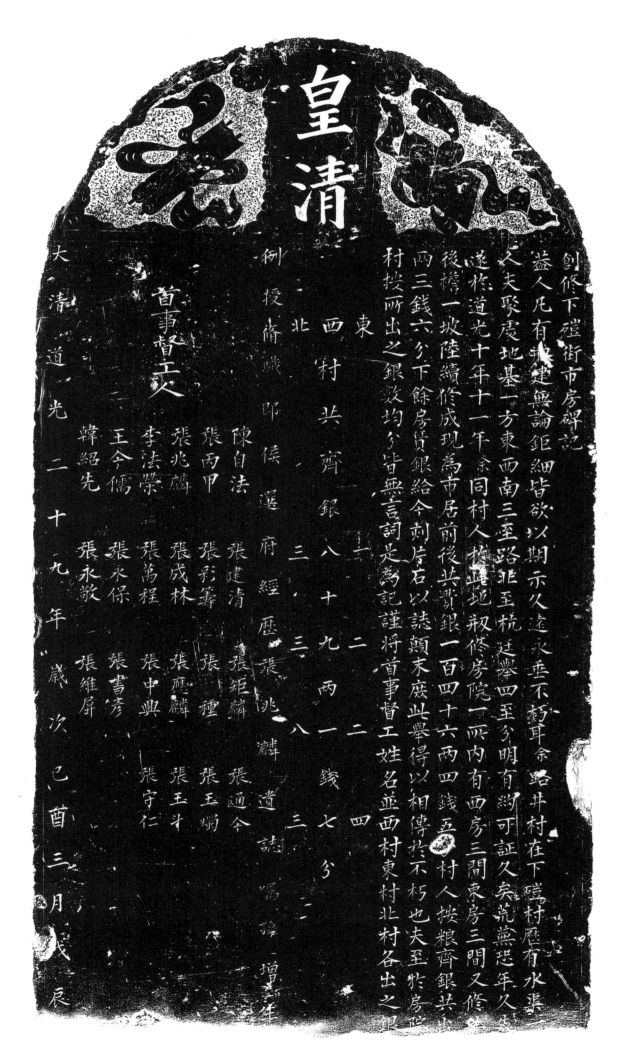

皇清

創修下碯街市房碑記

蓋人凡有興建無論鉅細皆欲以期示久遠永垂不朽耳余暏井村在下碯村歷有水渠

人夫聚慶地基一方東西南三至路北至杭廷舉四至分明有澥可証久矣荒蕪恐年久卷

遂於道光十年十一年余同村人將此地叔修房院一所内有西房三間東房三間又修

後攜一坡陸續於成現為市居前後共貲銀一百四十六兩四錢五分村人撥粮齊銀其出

四三錢六分下餘房貲銀給今刻片石以誌顛末廢此舉得以相傳於不朽也夫至於房院

村按所出之銀數均分皆無言詞是為記謹將首事暨工姓名並西村東村北村各出之銀

東 一 二 四
二 四

西村共齊銀八十九兩一錢七分
三 三 三
八

例授脩職郎侯選府經歷張兆麟遺道誌囑豫一增其生

陳自法
張建清
張矩麟
張通今
張玉燭
張禋
張守仁

張丙甲
張彩籌
張成林
張應麟
張玉斗
張中興

張兆麟
張萬程
張水保
張書彥

韓紹先
張永敬
張維屏

首事督工

李法榮
王令儒

大清道光二十九年歲次己酉三月戊辰

452-1. 創修下磑街市房碑記（碑陽）

立石年代：清道光二十九年（1849 年）
原石尺寸：高 103 厘米，寬 55 厘米
石存地點：三門峽市靈寶市大王鎮西路井村

〔碑額〕：皇清

創修下磑街市房碑記

　　蓋人凡有創建，無論巨細，皆欲以期示久遠，永垂不朽耳。余路井村在下磑村歷有水渠一……人夫聚處地基一方。東、西、南三至路，北至杭廷舉，四至分明，有約可證。久矣荒蕪，恐年久失……遂於道光十年、十一年，余同村人於此地創修房院一所，內有西房三間，東房三間。又修……後檐一坡，陸續修成，現爲市居。前後共費銀一百四十六兩四錢五分，村人按粮齊銀共出……兩三錢六分，下餘房賃銀給。今刻片石，以誌顛末，庶此舉得以相傳於不朽也夫。至於房院……村按所出之銀數均分，皆無言詞。是爲記。

　　謹將首事、督工姓名并西村、東村、北村各出之銀……

　　東村共齊銀一十二兩二錢四分，西村共齊銀八十九兩一錢七分，北村共齊銀三十三兩八錢三分。

　　例授修職郎候選府經歷張兆麟遺志，囑孫增生……

　　首事督工人：陳自法、張丙甲、張兆麟、李法榮、王今儒、韓紹先、張建清、張彩籌、張成林、張萬程、張永保、張永敬、張矩麟、張種、張應麟、張中興、張書彥、張維屏、張通今、張玉燭、張玉斗、張守仁。

　　大清道光二十九年歲次己酉三月戊辰……

街市房銀緻碑

道光二十二等年

452-2. 創修下磑街市房碑記（碑陰）

立石年代：清道光二十九年（1849 年）
原石尺寸：高 103 厘米，寬 55 厘米
石存地點：三門峽市靈寶市大王鎮西路井村

創修下磑街市房銀數碑

北村：耆老張丙甲、丙支、丙文、丙乙、耆老狄重耀、桂林、鳳喜、鳳儀，共銀四兩零二分。耆老張萬成、咸文、咸寧……王今儒、鴻儒、雁儒、應儒、永平、清儒、秀儒、侯今友，共銀五兩四錢三分。李福榮、□□、新……耆老李發榮、樹本、生員樹朝、樹南、樹東、樹德、可成、可智、步蟾、步青、步月，共銀十六兩一錢八分。……耆老張印堂、明堂、珏、振林、振東、玉坤、福儒、元璋、建舉、懷仁、懷名、孟林，共銀六兩四錢。

西村：張□□、杰、言、綱、克讓、克臣、貢生星明、得仁、海壽、天元、根經、吉云、旁海，共銀十……耆老張通今、通經、通財、雲行、鳴雁、通禮、通詩、通仁、通典、丹桂、三省、三江，共銀九兩四錢……韓紹先、文先、随先、奉先、耆老會先、茂、輝、勛、秀、棟、果、元、發貴、發財……銀三兩六錢。張書彥、奎元、成材、金秀、致業、守業、世臣、樂、步英、和子、進寶，共銀六……張長全、矩麟、俏生維屏、維楨、維寧、維城、玉璽、維藩、玉華、立功、保清，共銀七兩三錢六分。……□獻籌、彩籌、清元、開元、三元、祥雲、吐雲、芳林、桂林、茂林，共銀二兩七錢八分。泰來……張世朴、永保、永亨、永義、永錫、玉冕，共銀三兩一錢九分。成林、興林、長支、元支共銀二兩……張永敬出銀一兩一錢。張唐氏、玉斗、從九玉樹、玉琜、玉琢、墨池共銀十一兩八錢。候選府經歷張兆麟出銀八兩八錢五分，候選布經歷張素文出銀十一兩四錢，候選布理問張玉燭……

東村：特授孟津縣儒學訓導陳禹鼎、自法、予衡、得方、呆子、張發名、王金聲共銀六兩七錢九分。木鐸張化行、耆老篤行、惟行、生員慎行、利行、致行、同城、樹彩、義交、同賦、同人、彭永年、張随方、同丁……四兩四錢三分。同寅出銀一兩。

道光十一、十二等年。

清（三）

453. 重修鳳尾橋碑記

立石年代：清道光二十九年（1849 年）
原石尺寸：高 138 厘米，寬 50 厘米
石存地點：焦作市溫縣番田鎮段村

〔碑額〕：鳳尾橋

段村形勢龍環鳳尾，東西渡口橋猶用木，徒煩補□□非策也。宋公萬興富且孝，道光二十七年，鳳尾橋壞，龍津道阻，監戒前車，命稟壽母，不惜青蚨數萬，通水開渠，選石代木，雁□珠編，虹腰雲構，鰲足鱸腮，龜背蟹腹，尾沃海間，口吞山屋。未已也，更爲秋水□漲……

大清道光二十九年五月穀旦。

清（三）

1115

454. 重造渡船碑記

立石年代：清道光三十年（1850 年）
原石尺寸：高 194 厘米，寬 71 厘米
石存地點：安陽市林州市任村鎮古城村大廟

〔碑額〕：欸乃一聲

造舟之舉，省費特其後焉者也。歷年久則庶免勞民而傷財。先世諸君備嘗艱苦，有及見有未及見，功績載在石碣。今之鍾事增華也，較前輩甚有難焉者數端。近來民情猥薄，遇公事則群然思退，村中豈必無一二素封者，而確指一輕財好義之人，實□□乎其難之。嶺南嶺北累歲不登，各鄉庄男女質錢，以便糊口。壯健者率皆就食他方，生乎今之世，誠哉難於有爲也。去年渡船凋敝，利用重整，自信本村無以爲力，遍募勞而無功，因之舊貫仍前，苟延歲月。初不意秋水暴發，河石、樹木洶涌而來，撐篙諸人逃生，尚恐無路，奚暇計船隻之順流飄蕩哉。雖其間白義村庄撈而送還者亦殊不少，而細驗原形，朽爛已不堪重用。斯時也，平改水田，一望盡成沙堆。鄉民之拍手叫苦者，擢髮難于悉數，已知按地捐資之説無濟也。夫廢而不舉，没前人之志；舉而疾舉，無前人之力。更兼河石之峻而險，河勢之大而寬，往來阻窒，三五延擱，臨流嗟嘆者有之，望洋切齒者有之。從旁私議，謂是村空有此翻雲覆雨者亦有之。七八十餘之老翁曾不記此河之無船以渡者，曾不記此水若是之猛而且闊者。噫！天地之示此變也，天必有意激古城村慕義諸君也。而果也首事自領，募化竭力，各罄己囊，而公項絶無沾染，遍地棟材，墊資備料，不數月而乘桴復舊焉。窃願後之視今，與今之視昔者，同俾千百載後，古城村秋夏常設此義船焉，則幸甚。至演戲稱賀，大費鋪張，皆略而不書。

涉庠先抑樓孫保支沐手撰書，錢壹千，陳明錢一千文。

水冶善慶恒錢二千。西達城鹽店錢二千，世興錢一千，中鼎興錢一千五百，王廷柱錢三百，讀盛裕錢三百。原曲姚丙文錢一千，約所錢二千五百，固県村約所錢兩千一百，郭文斗錢一百，李万义錢一百，武安韋用文錢一千，南坡符永和錢二百，显微錢二千五百，显純錢一千，繼松錢二千一百，通会錢三百，繼明錢三百，三太□錢五百，申大榮錢二百。

船頭余三星施錢貳仟。

募化維首：余日恒施錢二千文，刘鳳鳴施錢二千文，侯興邦施錢伍百文，余三湖施錢一千文，刘順蘭施錢一千文，余九功施錢二千文，董鳳岐施錢二千文，刘得仁施錢一千文。岳生金施錢三千八百文。

木工：刘□施錢五百文，段存仁施錢五百文，刘子敬施錢八百文。金匠刘順香施錢五百文，石匠付玉显施錢四百文，鐵匠申九徵施錢五百文，先生刘相公施錢五百文。

林旺村：黄得重三百六十，郝成名一百，王立公一百，陳彦一百，王立貴一百，王永興一百，王永祥一百，李大付一百，崔文章一百，侯国連一百，王立道一百，陳艮一百，侯百川一百。衆村一千五百七十。武起榮二百，刘見二百，張万全二百，靳万坤三百，王安艮二百，付孟美二百，申邦和二百，付開和二百，郭尽興二百，侯升堂三百。

大清道光叁拾年歲在庚戌榴月下浣。

道光貳拾年歲次庚戌季秋月

455. 重修萬安橋碑記

立石年代：清道光三十年（1850 年）
原石尺寸：高 133 厘米，寬 69 厘米
石存地點：新鄉市輝縣市胡橋街道南雲門村

　　南云門橋名之曰"萬安"，其世遠年湮，屢經修治，皆有碑記，勿庸再述。但前所修補，今已久遠，轍迹漸漸損壞，則往來車馬所過，每足驚心。故本村按地捐錢，挖補轍迹。又慮功大錢微，恐有不繼，於是乃募化四方施主，以成其功。此係同力捐修，不得不勒石留名，以垂不朽云。

　　總理：郭順霖、刘榮光。管賬：天生成、劉炘光、鄧敬山。催錢：鄧心一、刘覲光、陳正容、豆金旺、郝廷柱、張守金。司事：會首高載俊、會首劉運元、劉大柱、劉家麟、劉錦章、劉大受、刘三元、趙成、王大年、閆興、劉大興、劉榮林、郝延棟。（以下施財人姓氏漫漶，略而不錄）

　　撰文鄧敬一，書丹鄧誠一。勒石。

　　道光叄拾年歲次庚戌季秋月同立。

清（三）

1119

流芳百代

456. 創建興隆寺碑記

立石年代：清咸豐元年（1851 年）
原石尺寸：高 160 厘米，寬 65 厘米
石存地點：洛陽市伊川縣江左鎮魏小寨村

〔碑額〕：流芳百代

創建興隆寺碑記

嘗聞人之欲善，誰不如我，是知人之爲善者，盡一己之善，并宜盡人人之善，惟能盡乎人之善，而後人之爲善者情始暢，己之善量乃至焉。顧事雖同出於善，而所爲恒不一端。有見諸補橋修路者矣，有見諸敬老恤孤者矣，又有值年飢歲荒，廣散資財，賑濟窮困，而見諸布恩施惠於一時者矣。類若此者，孰非本其好善之心，以著其爲善之事哉。而吾謂能盡一人之善，并能盡人人之善，又且光表人寰，垂及久遠而不没者，誠莫如建修廟宇，金妝神像，尤爲彰明較著焉。如吾登邑有周君天道、郭君襄、耿君德修，居常樂善好施，用財不吝，遇人之募化修功者，輒共出金以助之。聞河神襄濟王，生即神聖身，雖家偃，亦時嘗寄居於吾潁川池塘，左右蒙其護庇者，迄今猶傳。周君等每欲立廟祀之，以世遠年湮，未諳踪迹，事遂淹。近因王家庄傳有襄濟王事實書本，諸君取而閱之，始知王之稱活河神者，自生前順治二年，與黨將軍同助堤□時始，王之封靈佑襄濟者，由□□三年，河道白大人請命蒙批後始。諸君覽書畢，乃嘆曰：王生平所爲，無非福國庇民之事，正不僅爲偃登之民恤灾捍患已也。諸君遂募化四方資財，共議立廟設祀焉。茲於魏小寨東北里許，建修一寺，名之曰興隆寺，内置殿三所，中殿佛像、金龍像、襄濟王像，左殿老君像，右殿三皇像。是役也，功雖猝就，而棟宇焕然，金神昭耀，是諸君好善之誠，與其善人之善者，即此可見矣。茲值大功告竣，特勒碑而誌之云。

李全錢二千五百，杜松朝錢二千，魏成春錢一千五百，李學旺錢一千，魏文順錢一千，周正治錢八百，化主魏興法錢一千四百，化主□忠謀化錢一千九百，董敬化谷三斗，王廣太化米一斗，王長仁錢六百，□興財錢六百，馬九虎、李□孟□上各□□，杜鳳□□□□，遵王村捐米一斗。□九祥、□大用、周成洛、謙太□，李學文、王光朝、端木發科，張百萬、杜安、杜雙喜、魏盡孝、魏文龍、李鳳□、李常秉，□□各五百，尹天□錢五百，化主劉生□、耿水花□化谷一斗，劉士昇錢四百，胡正宗錢三百五，周應瑞、周天荣、周之銘、萬興号、同文号、萬和号、王亮、周漢英、運興號、段學博，以上各錢三百。化主姚長多，蘇世潤、王有來，化主蘇世信，王元平，張臣、張有成、魏文龍、尹文成、段行書、段繼書、化主魏學敏、尹天選、李常倫、溫文彦，以上各錢二百。張書朝、席秀、楊世懷、劉公選、劉東樂、楊朝發、李秀茹、張松培、張世合、范显居、溫文田、楊殿元、楊九思、楊生泮、楊耀先，以上各錢二百。李之寅、張文保、胡尊宗、李喜成、李世傑、王元福、郭積有、李寬、李世印、李世興、李世平、王常義、李逢選、王心佑、程安章，以上各錢二百。范守義、姚廷賢、姚廷奎、張流、胡瑞宗、張魁成、遠發福、遠發禄、化主遠金平、郭永興，化主張振清，以上各錢二百文。魏學士、張□龍、張文保、張文臣，以上各錢一百。王長禮、張登士、趙法禮、趙芳、李世金、李世慶、張中喜、李信、趙國楨、郭成元、李格明、李美、白居寵，上各錢一百。陳王敬、牛文祥、蕭文鶴、盧萬修、張存、杜懷清、牛大申、魏萬順、胡振典、方坤南、張殿庚、李逢泉、王光發，上各錢一百。武殿可、陳九章、樊起雲、姚長茂、牛廷召，

牛文聚、牛文夆、計元、范用聚、張指昇、牛廷印、范显禮、刘金詔，上各錢一百。張坤元、張敬、遠孔錫、李鳳友、李鳳儀、王長義、王長仁、錢雙成、姚廷建、閆文學，上各錢一百。王有功、王道玉、王之重、劉長明、楊生河、楊長青、楊秀林、張怀亮、周登雲、張魁昇，上各錢一百。

　　功德主：監生劉萬海、程北斗、周天道，錢二千。耿德修、郭襄，錢一千。周正義錢五千。

　　木匠刘显名。

　　大清□豐元年歲次辛亥仲春穀旦立。

欲善誰不如我是知人之為善者盡一己之善並宜盡人人之善惟能

至焉顧事雖同出於善而所為恒不一端有見諸補橋修路者善之有見

窮困而見諸布思施惠於一時者矣類若此者皆非本其好善之心以

汲之善及且光表人寰重及於遠而不没者誠莫如建修功者輒共出神

襄取務德修居房常樂善好施用財牙容遇人之慕化修廟宇金粧神

普寧居於吾潁川池塘在右蒙其護庇者逮會猶傳周君等每敬立廟

有襄濟王事審書本諸君取而閱之始如大人諸王之稱活河神者自生

封靈佑襄濟者由三年河道白大人諸君命蒙批後始諸君

不僅濟個登之民恤災痒惠已也諸君遂慕化四方資財共議立廟設

寺為置殿三所中殿佛像金龍像襄濟玉像左殿老君像右

《創建興隆寺碑記》拓片局部

柳石滩碑

柳石滩泉水當呂姓賣于侯姓時謝公率
入社中載在碑碣由來久矣嗣後地王屬
道改移越道光三十年復修渠道上連汲
合社人等與地主光裕堂校明日後牛羊
汲水入池永不許地主人阻當恐後無憑
石為証

大清咸豐元年季春之月吉旦全

457. 柳石灘碑

立石年代：清咸豐元年（1851 年）
原石尺寸：高 103 厘米，寬 54 厘米
石存地點：安陽市林州市合澗鎮洪穀山謝公祠

〔碑額〕：柳石灘碑

柳石灘泉水，當呂姓賣于侯姓時，謝公渠□□入社中，載在碑碣，由來久矣。嗣後地主屢□，□道改移，越道光三十年復修渠道，上達于□□合社人等與地主光裕校明，日後牛羊□□，汲水入池，永不許地主人阻當。恐後無憑，□□石爲證。

大清咸豐元年季春之月吉旦同□。

芳流

創建菩薩拜殿及池欄路碑記

余從二兄完城菩薩香事二年春正月李中華廷万與議曰

菩薩廟非隘而隘拜者若多池西北非險而道路者欲蹟此茲前人將遺觀汝以建厥

功者乎予二兄唯愛會村眾越三月前脩桂殿環映山光北造虹橋倒沈池影夫安

在無增舊制不自我創也裁院前從吾友遊由池東北小橋達觀西北橋路乃

鬱然開朗如逢異境蕩蕩平登令念之後子之方復轉而西南行不數

武西殿宇渾煙遠近鄉民咸拜辭祝禱其下余流源映悅以涼沖明咸依回不能

曰記之所以誌此岦從前未見之地而今始創之地余

社首李　　總管　　撰首

大清咸豐元年十月十五日

458. 創建菩薩拜殿及池北橋路碑記

立石年代：清咸豐元年（1851 年）

原石尺寸：高 113 厘米，寬 51 厘米

石存地點：安陽市林州市任村鎮豹臺村玉帝廟

〔碑額〕：流芳

創建菩薩拜殿及池北橋路碑記

余從二兄完菩薩香事二年春正月，李秀廷、李中華乃與議曰：廟池皆前人之創也，然菩薩廟非隘而跪拜者若多，池西北非險而道路者欲蹶，此殆前人所遺，俟汝以建厥功者乎。予二兄唯唯。爰會村眾，越三月前修桂殿，環映山光，北造虹橋，倒沉池影。夫安在無增舊制，不自我創也哉！既創之後，予從吾友游，由池東北小橋達觀西北橋路，乃豁然開朗，如逢异境。蕩蕩平平，登會極之道；不蹶不趨，獲養氣之方。復轉而南行不數武，而殿宇輝煌，遠近鄉民咸拜舞祝禱其下。余亦凜然恍惚，與神明交，低回不能去。予因記之，所以誌此皆從前未見之境，而今始創之也。

業儒李抱貞撰，業儒李价人書丹。

社首：李秀梅，子松林、青林、抱貞。管賬：李□廷、李宗信。攢首：李程氏子生、李郭氏子□。

監工：……

大清咸豐元年十月十五日□旦立。

清（三）

1127

459. 五龍廟香火地四至碑記

立石年代：清咸豐二年（1852年）
原石尺寸：高104厘米，寬33厘米
石存地點：洛陽市偃師區邙嶺鎮省莊村

〔碑額〕：□清

省莊村五龍廟香火地及五道廟地址，歷年久遠，契據已失，恐藉此以起爭端，合村人等邀同鄉約官紀查明界址，丈理清楚，以免後患。因將各處地址畝數刻勒於石以誌之。

五龍廟香火地：南場麦地東至墙底，西至大路，南至墙根，北至馬云保，其地東西畛⋯⋯

邑庠生馬□撰文并篆額，馬象范書丹。

道光三十二年四□。

清（三）

1129

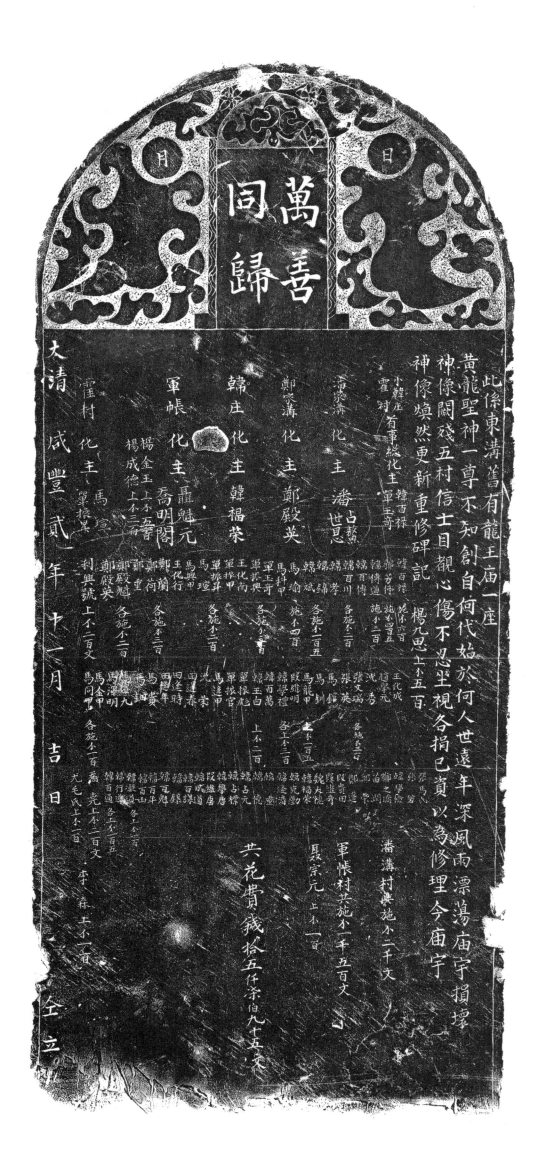

萬善同歸

月　　　日

此係東溝舊有龍王廟一座
黃龍聖神一尊不知創自何人世遠年深風雨漂蕩廟宇損壞
神像闕殘五村信士目觀心傷不忍坐視各捐己資以為修理今廟宇
神像煥然更新重修碑記　楊九思上不五百

大清咸豐貳年十一月　吉日　仝立

460. 重修龍王廟碑記

立石年代：清咸豐二年（1852 年）
原石尺寸：高 125 厘米，寬 56 厘米
石存地點：洛陽市孟津區馬屯鎮韓莊村

〔碑額〕：萬善同歸　　日　月

此系東溝舊有龍王廟一座、黃龍聖神一尊，不知創自何代、始於何人。世遠年深，風雨漂蕩，廟宇損壞，神像闕殘。五村信士目睹心傷，不忍坐視，各捐己資，以爲修理。今廟宇、神像煥然更新，重修碑記。

楊九思上錢五百。小韓庄首事總化主韓百禄，霍村首事總化主單玉奇，潘家溝化主潘占鰲、潘世恩，韓庄化主韓福榮，軍帳化主聶魁元、喬明閣、楊金玉上錢五百。楊成德上錢三百，霍村化主馬瑄、單振昇。韓百禄施錢六百，郭芳停施錢四百五，韓傳道施錢三百，韓百傳、韓百川各施錢二百，韓孝、韓錦、韓斌各施錢一百五，馬瑜施錢四百，馬科甲、單玉奇、單振興各施錢三百，王化南、單振甲、單振昇、馬瑄各施錢二百，馬興甲、王化行、鄭蘭、鄭荷各施錢三百，鄭重、鄭殿魁、鄭殿英各施錢二百，利興號上錢二百文，王化成、趙學元、沈秀、張文瑞各施錢二百，張英、馬銀、馬釧、馬龍甲上錢一百五，段維明、韓學禮各上錢三百，韓百萬、韓玉白上錢二百，單振彪、單振官、馬逢甲、沈榮、田逢春、田逢時、田逢年、馬貴、馬鈿、馬澤九、馬澤明、馬金甲、馬同甲各施錢一百，張馬氏、張碧、韓學儉、鄭之橋、苗潤、鄭榮、鄭蓬、段貴田、段維奇、魏大德、韓福榮、韓克勤、韓逢清、韓重、韓德、韓占元、韓占標、韓學唐、段維唐、韓成道、韓百謀、韓鑲、韓百魁、韓百年、韓百山、韓凝道，各上錢一百，韓行道、韓百通各上錢一百五，喬堯上錢二百文，尤毛氏上錢一百，李森上錢一百，潘溝村共施錢二千文，軍帳村共施錢一千五百文，聶宗元上錢一百，共花費錢拾五仟柒佰九十五文。

大清咸豐貳年十一月吉日同立。

461. 重修黄大王廟碑記

立石年代：清咸豐四年（1854 年）
原石尺寸：高 156 厘米，寬 65 厘米
石存地點：洛陽市欒川縣石廟鎮石廟村黄密寺

〔碑額〕：皇清

重修黄大王廟碑記

蓋聞廢墜者舉，傾圮者修，重修又重修，皆所以易舊而更新也。況廟宇之輝煌，神功之浩蕩，所關尤大。然無人倡率，共爲贊襄，惟徒悵望於摧殘頹敗而已。若同心合謀，均爲奮勉，不必大爲更作，踵事夫增華，而廢者舉，傾者修，焕然一新，迥非向日之規模，斯固神靈之震動，抑亦諸首事者之善爲，趨事而赴功。《禮》云：有其舉之，莫敢廢也。《語》云：善作者猶必善謀，善始者猶□善終。誠哉斯言也。予於斯廟得之矣。姑溝口舊有黄大王廟後宮三楹，聖母正殿、關帝、黄大王之□栖焉。其後又建廣生殿、藥王殿各一間，以及獻殿、樂舞樓，皆前後相繼建造，均立貞珉，以誌其事。至道光八年，始□修焉，吾家族祖梓□鄉先生撰文，以誌其事。別無他屬，懇懇以延師訓讀，無以焚香聚會爲事，斯誠藥石之言也，而先生已□古。去歲，廟又□□□□楊易樂請諸首事者，以謀之吾家族祖集如公、族叔志遠、天潢公以及黄公惟善，皆慨然以爲己任，募化上下，捐修□□□□□將以樂施，不數月工告竣。乞予爲文以記之。予何能文，不過即斯地、斯廟，斯首事者之費心盡力，共記之……後背伊水，前面龍山。左有七姑寨以庇護，其脉高聳峻絶，而上盪乎雲霄；右有山小口不數武，樹木陰翳……鳥爭鳴，幽静閑雅之致，不讓洞裏桃蘭。而佛爺寺居其中焉。前後左右，得此四顧，而廟鎖鑰其中……擴，廟宇高厰，斯誠一方之巨觀也。每當光天化日之下，緩步山門外，仰見墙垣堅實，磚石……閑游小憩，耕者行者休於斯，講學者誦讀於斯，以端風化，以正人心，皆諸首事之力也。……夫頌揚神功，博覽紀載，懼褻也，兹不俱贅。是爲記。

……常勵撰……常愨書。

照事人駱好仁。

……又施己身，當到常姓地一段，坐落七姑溝口，係道光一十六年當到地一段，僧錢壹拾五千文，糧錢柒拾五文。當到本年，即付住持經管。

常……碑，石工：趙功連與侄趙百春、胡樹柱施錢伍百文。木工：高鳳魁、刘春。

住持：焦仁福、匡仁賓，暨徒：李義官、吴義順、楊義樂、高義印，徒孫：楊禮貴。

咸豐肆年柒月上澣穀旦立。

龍神橋碑記

462. 龍神橋碑記

立石年代：清咸豐四年（1854 年）
原石尺寸：高 52 厘米，寬 50 厘米
石存地點：焦作市博愛縣清化鎮太子莊火神廟

〔額額〕：龍神橋碑記

龍神橋碑記

南廟之前舊有土橋一座，舟河從北……其無石馬頭也，有黃公義儒等，作爲……建石橋之資，因錢文不足，遲延十數……於目前幸有王公成興等，倡議合西……十三文，每地六畝出夫一名，踴躍做……功，求序於余，余曰：是舉也，其事甚美……

施銀姓名計開於後：

吳國順銀四兩九錢一分，吳天德銀一兩一錢一分，吳天禄銀八錢七分，吳天才銀九錢二分，吳會文銀三兩八分，吳希文銀二錢，吳有文銀三錢一分，吳大文銀一錢一分三，吳天貴銀一錢一分二，吳天秩銀一錢零三，王成興銀三錢五分六，王魁廷銀五錢四分五，王魁中銀五分七，王魁青銀三錢一分四，王泰順銀七兩零一分，汪泉水銀四錢一分，王魁福銀八分七，王青林銀一錢一分六，王魁元銀三錢，王魁禮銀八錢二分八，黃振昌銀一兩一分六，，黃振川銀一兩一分七，黃振邦銀一錢三分二，黃秉中銀一錢二分八，黃朴頭銀一錢一分五，黃會頭銀一錢九分五，崔天保銀四錢九分七，崔天章銀六分九，崔天和銀一錢五分六，崔天德銀一錢七分，焦林莊銀五分七，焦林春銀八錢，吳魁名銀二兩六錢六，吳魁傑銀四分六，吳魁興銀四分六，吳魁玉銀一錢五，吳魁官銀四分六，尤天太銀二兩二錢二分六，尤自美銀六分四，尤天德銀五錢八分四，尤自永銀三錢，尤自龍銀一錢八分四，尤天福銀一錢六分一，尤天魁銀一錢九分一……

買石頭會首：焦廷柱，路德成，黃義儒，吳魁名

修橋會首：吳天德、吳成、王成興、黃金玉、吳同順、黃振昌、黃振聲、吳魁名、黃振川、……

大清咸豐四年歲……

463. 重修龍王廟序

立石年代：清咸豐五年（1855年）

原石尺寸：高46厘米，寬68厘米

石存地點：焦作市博愛縣寨豁鄉大底村東南龍王廟

重修龍王庙序

此庙之重修兮，日吉辰良；神功浩蕩兮，澤被四方。庙破像累矣，衆起善心；捐納資財兮，煥然一新。父老運謀兮，處事精詳；少壯鳩工兮，旅方剛。經之营之兮，莫之或遑；担負運載兮，絡繹奔忙。似有神助兮，嘉謀斯襄；不逾數日兮，告厥成功。父老運謀兮，既成於始；子孫纘緒兮，願保厥終。敢告後之人兮，億萬斯年，俾此庙其勿替以永。

王世清施錢一百文。

花費開列于后：

共總捐資七十千五百零九文。

共總使費錢七十千零九百卅五文。

會首：閆永善、王緒仁、葛宜夏、李克保。

大清咸豐伍年九月二十日吉旦。

清（三）

1137

嘗聞莫為之前雖美弗彰莫為之後雖盛弗傳自古善事有創於前者必有繼於後權家

嶺村西頭舊有龍王廟一座迄今時遠年湮風雨損壞閣村老少莫不觸目而心傷

因谷出己貲重為修蓋念功已告竣僅將姓氏錢文列石又公議庄社以重農務以為歲者

風化令禮教弗興人心不古每有不法之徒於萬寶告成時乘隙盜竊使勤勞終歲者

徒受其苦而延蕩寡廉者坐享其利也又有畜積羊群收人田禾則稼穡縱無水旱之

災必受踐踏之損此害人利己之事尤不可恨者采薪之人鐮鍘地界夫地之

室是爭端日起小則言語相傷大則訟獄繁興奚道我兄此者皆有害於耕

有界研所以蒲疆域防役奪一為鐮鍘彼此之分不明萬世之奸險者得以施其欺凌

為農人所深嫉者也因列此數緣以除田間之奸謹刻石以誌石杇云

咸豐五年十二月初四日

東五尺
西五尺
南五尺
北至路

464. 權家嶺龍王廟修繕碑記

立石年代：清咸豐五年（1855 年）
原石尺寸：高 137 厘米，寬 58 厘米
石存地點：洛陽市孟津區送莊鎮權嶺村

　　嘗聞莫爲之前，雖美弗彰；莫爲之後，雖盛弗傳。自古善事，有創於前者，必有繼於後。權家嶺村西頭舊有龍王廟一座，迄今時遠年湮，風雨損壞，闔村老少，莫不觸目而心傷，因各出己資，重爲修盖。今功已告竣，謹將姓氏、錢文列石。又公議庄稼社以重農務，以端風化。今禮教弗興，人心不古，每有不法之徒於萬寶告成時乘隙鼠盜，竟使勤勞終歲者徒受其苦，而匪蕩寡廉者坐享其利也哉。又有畜積羊群，牧人田禾，則稼穡縱無水旱之災，必受踐踏之損。此害人利己之事，人所不取也。尤可恨者采薪之人鑼捊地界。夫地之有界，所以清疆域、防侵奪，一爲鑼捊，則彼此之分不明，而世之奸險者得以施其侵凌焉。至是争端日起，小則言語相傷，大則訟獄繁興，流弊何可勝道哉！凡此者皆有害於耕，而爲農人所深嫉者也。因列此數條，以除田間之弊，謹刻石以誌不朽云。

　　首事：靳樂會錢二千一百，權玉瑤錢七百五十，權永興錢一千六百五十，權玉振錢一千，權克巷錢一百五十，權喜成錢三百，權克武錢八千令[零]五十，李廷用錢五千二百五十，靳天錫錢四千九百，張學太錢二千九百，權廷林錢二千七百五十。林大德錢一千四百。李學周錢一千二百五十，權克忠錢九百五十，權三福錢一千二百，張成申錢二千，李廷壽錢二千，劉仁富錢七百五十，權玉琦錢六百五十。史廣聚、劉成、楊自玉、權玉連、張大流、權花林、權廷棋、王風書、權鈺、董又震、史一成，以上各捐錢五百。宋朝元錢一千，有中正錢八百。權發才、權玉智、權名林，以上各捐錢四百。靳鳴駒、權興林、權得娃、權滿林，以上各捐錢三百。劉官錢二百五十，權玉太錢二百五十，權玉合錢二百，靳关祥錢二百，王萬林錢二百。張孟、權居、權永法、權永智、權發生、潘妮、趙占元、李茂、趙萬昇、張炳南、昌元，以上各捐錢二百。權芳林錢一百五十，權長安錢一百五十。楊大元、李廷魁、張成娃、張云龍、徐慶元，以上各捐錢一百。

　　東五尺，西五尺，南五尺，北至路。

　　咸豐五年十二月初四日。

碑記

465. 重修玄帝廟碑記

立石年代：清咸豐六年（1856 年）
原石尺寸：高 163 厘米，寬 67 厘米
石存地點：新鄉市原陽縣祖師廟

〔碑額〕：碑記
重修玄帝廟碑記

大凡衰極者必盛，廢久者必興，此理也數也。而獨至廟宇之由衰而盛，由廢而興，雖曰理數，□往往有靈爽憑乎其間，陰使之不得不然者，蓋神□爲靈昭昭也。陽邑吾西明倫地方，距城二里許，有廟巋然，神曰玄帝。廟制大殿三楹，拜殿兩重，後有寢宮，塑有聖公聖母像，東爲□廣生□□□西偏有五嶽殿三楹，旁列兩廡，前有歌樓、山門，規模宏麗。每歲父老結社，至三月三日，招梨園子弟陽春曲，野叟村媼，操掾□而□祝者不絕，余少時猶及見之。自嘉慶二十四年秋八月，馬營河決，半爲水所漂没，兼之地土壞住諸□，環廟諸村皆貧乏，不能自給，無人經理，漸愈頹敗，邇來三十餘年傾圮殆盡。過者傷之，莫不謂是廟也，將終成廢邱矣。歲甲寅，忽有鄉善士等商之，余□此工固難修，然廟中香火地風吹沙淺，已可耕種，盍掘拾舊磚瓦，爲斗大廟，護神像，并蓋兩三間屋，請住持照管，徐圖興舉乎？余曰善。爰集村之少壯者，□從事焉。乃甫從事，而帝忽降靈，有求輒應，四方求藥者日以數百計，且多有願捐□施者。於是始有大工之議，而衆憚其難，余曰：無難也，聚絲爲錦，積翠成裘，是在人爲耳。因啓一時冠蓋貴客及士農工賈，各出囊資，鳩工庀材，先建大殿三楹、拜殿三楹，次歌樓，次僧舍、廚房，次周圍垣墻，金碧丹髹，煥然一新。是非帝之靈爽陰有以鼓動乎人心，烏能於衰極廢久之餘一旦修舉如是乎？至寢宮、廣生殿、五嶽殿及兩廡、山門，一時費實不支，有不得不俟之异日者。因備紀其始末，而勒諸石。

己酉解元候選知縣張春暉撰文，邑庠優廩膳生員袁允治書丹。

署陽武縣知縣顧守士捐錢壹百仟。城守營賈清渠捐錢壹仟。陽武縣儒學教諭申潮沛、陽武縣儒學訓導石廷琳，各捐錢壹仟。主簿陶鉞捐錢貳仟，典史沈慶恩捐錢貳仟。

……

大清咸豐六年歲次丙辰□陽月上浣穀旦。

清（三）

1141

466. 培修白氏先塋記

立石年代：清咸豐六年（1856 年）
原石尺寸：高 140 厘米，寬 57 厘米
石存地點：焦作市溫縣黃莊鎮西王里村白龍王廟

〔碑額〕：報功碑
培修白氏先塋記

記有云：有其廢之，莫敢舉也。又曰：禮也者，所以順人情也，則人情所不容也者，舉其所廢，□與惡焉。吾里□有白氏塋，廢爲禾黍有年矣。聞諸父老曰：白氏莊在其東北。先是明宣德間，有白氏□，狀貌奇古，寡言笑，而善睡，不治生，骨森森如柴，人呼之白皮。嘆家計落拓，去之渾之瑤賀村爲周家傭，竟日酣臥，周弗善也。使灌園，臥自□，而園蔬滋茂。周始疑其非善人，夜迹之，見蛇長數十，緣□上下，水□□□。周大奇之，遂以袁氏字焉。袁氏者，周甥女，少失怙恃，無所歸；依周，周愛如己出，不輕字人。以嬪瘦漢，瘦漢執子婿禮甚恭。居二載，一日，偕袁至峪河瀑布處，謂袁曰：吾入水能變化，子樂視乎？袁笑應之。瘦漢即入水，俄一物現，狀似長蛇，鱗甲微動，須臾雷電大作，風雨晦冥，而其人已不可復識矣。周聞之急往，獨見袁尸危坐，面如生，身有蝌蚪文云：謫降凡塵運數顛，潛□尤用許多年。神龍不是池中物，風雨催我上九天。周錯愕不已，葬袁尸于靈覺寺，塋號曰惟龍塚。輝志載其迹，王人爲立廟于西峪河，瘦漢□爲神龍。里人張守□而告之曰：我龍也，下謫爲白家子，限已滿，還故□，在輝之谷，雨暘不時，其往告余里人，往問詢得其巔末，爲像祀之。他日以旱，具幣詣禱，驗如響。後數數往，若呼吸之相通興爽者。今歲之六月旱甚，禾且枯，眾擬□故舉，父老相與謀曰：吾里之有祀神，自勝朝以迄于今，垂二百餘祀，有禱輒應，應且速，神賜民厚矣。而神之故里□墟，先塋又蕩然無遺，止申其將祠，甚非報□之過也。復也謀所以封殖之。已而行二日果雨，歲得不飢。乃聚費而構其田，□之樹之石以表之。而屬記于余，余以龍之爲物，屈伸變化，要皆不離其類，天下豈有龍而人者哉。及觀白氏□□園入□，與夫蝌蚪遺迹，何其异也。禱而應，乃天之□□之理，其功固專在神歟。鄉人念神之惠，不忘神所自出，則禮有報本之義近之矣。余重□人情，□爲之記。

例授文林郎乙未恩科舉人候選知縣里人張居棟撰文，邑庠生員里人張耀南書丹。

大清咸豐六年歲次丙辰十一月十八日溫邑王里人□立。

清（三）

皇帝

月　日

重修大王廟金粧神像碑序

謂有之有其染之莫敢廢也本鎮
人庶止於斯抑興嘆曰此廟歷年
路東太高平零四十四弓止屬津華
界亦必由此路定歷來相昌端
舊縣馬頭蒙化束坦敷十餘千難地按如均
有心督工有人權討錢支員舞物料撥後車輛
祝之巍裁侖奐益文……顯昭衣裁首
彼此推功人心猶古昔扣馬……村村有義士遺風乎
恐難成此焦君闕之徐……謝曰愚願不……

歲貢生侯遷儒

首事人

泰山廟北舊有
大王廟於嘉慶十五年間河水沖淡基址相連土
泰山廟

咸豐六年歲在丙辰涂月上浣之吉

467. 重修大王廟金妝神像碑序

立石年代：清咸豐六年（1856年）
原石尺寸：高133厘米，寬55厘米
石存地點：洛陽市孟津區会盟镇扣马村

〔碑額〕：皇清　　日　月
重修大王廟金妝神像碑序

記有之，有其舉之，莫敢廢也。本鎮泰山廟北舊有大王廟，於嘉慶十五年間，河水冲没，基址相湮，土淤丈餘。鄉老人庋止於斯，輒興嘆曰：此處舊迹最有關係。廟前南北路司地。東粮地，西足以爲界，東西馬大路每下灘地，自大粮地頭起，□路東丈兩千零四十四弓止，属津鞏交界。此界一定，然後路南路北，我天字區號地，乃得照圖。南東其畝，且與比鄰地字區□界，亦必有此路定。歷來相沿端的若此。久欲重修，未曾果決。適於甲寅孟冬，四社人共議此舉，無不勃然同心，踴躍赴義，遂往舊縣馬頭募化布施數十餘千，灘地按畝均派數十餘千，尚慮不給，又指泰山廟香火地稞資預備。於是分職任事，繞□有人督工，有人催討錢文，買辦物料，撥役車輛，俱有人。鳩工庀材，掘及舊址，照基修理，越一歲而功告竣。斯時也，遥瞻即視貌之巍峨，侖奐并美。神像之赫濯，聲靈顯昭。凡我首事僉相語曰：維兹功程，吾輩固亦共勞心力，然非邦俊焦君督工，恐難成此。焦君聞之，徐徐遜謝曰：愚原不才，鄉衆公同舉事，用以妥神之靈，昭往迹而示將來，胡不侊焉？余不禁欣然曰：彼此推功，人心猶古，吾扣馬村尚有義士遺風乎。躬附首事，謹序之以誌。

歲貢生候選儒學訓導梅焜撰，子生員增沐手敬書。

首事人：壽官焦邦俊、貢生馬全甲、生員焦廷魁、生員梅芳、壽官史法唐、生員吕秀清、壽官仝永泰、啓事梅元鐸、生員焦復新、壽官梅景新、鄉耆魏德純、□□邢汝梅、生員吉星辰、儒童焦泰興、吕漢台、焦克均、廪生焦同文、生員方得位、監生焦從義、寧金聲、吕全祥、吉明哲、壽官吉培玉、鄉耆吉兆祥、佾生李滋、鄉耆邢書升、監生史治忠、焦逢元、焦臨冬、鄉耆楊學仁、鄉耆馬文輝、鄉耆邢兆麒、鄉耆焦發第、佾生魏書瑞、邢鑒書、楊接唐、吕九元、李喬、生員梅元標、吕□振、邢敦復、吉福禄、邢清泉、趙同泰、焦太極、吉全、鄉耆焦士昌、魏池、焦士奮、梅復昌、史澤寬、魏榮昌、楊德備、趙升平、鄉耆吉正祥、吕全德、焦萬壽、邢圖書、吉明福、焦作雲、吉善書、監生焦萬聚、邢殿元、邢景魁、仝九德。

咸豐六年歲在丙辰涂月上浣之吉。

468. 邑侯保護萬北竹園德政碑

立石年代：清咸豐七年（1857 年）
原石尺寸：高 220 厘米，寬 74 厘米
石存地點：焦作市博愛縣許良鎮馮竹園村三官廟

〔碑額〕：德政碑

河內縣萬北諸里雖多竹園，原係田地，盖此處人多地少，難以養生，幸賴丹水之利，變種穀之田以栽竹竿，所得視五穀較多。其地皆上地，大糧甲□，合縣以此知園之竹猶田之禾也，有惟正之供，并無支竹之差。由來各衙門搭蓋天棚應用等竹，俱發官價，赴市采買，毫無擾害。奈書役差保假借官勢，訛取民竹，用一索百，猶不能饜。有竹者受砍伐之害，無竹者受遞送之苦，而官所發之價值亦卒不可得。乾隆嘉慶年間，歷經藩台陳公、□道□康公、蔡公及府縣諸公禁革在案，并出示曉諭，不准書差人等訛索園户，如敢故違，許園户上控，并勒碑記，垂示久遠。積久弊生，碑記雖存，書役弗遵，欺上虐下，仍蹈前轍。園户與辨，即鎖帶進城，倍加凌侮，肆其訛索。本年園户生員劉士林等赴愬於縣，幸我邑侯師公洞悉諸弊，嚴行禁革，復查照舊規出示曉諭，以後不准書差人等訛取民竹。於是萬北一帶有園者，感鴻恩之普被，無竹者亦慶大害之悉除，萬口同聲，感激無既。思所以壽我公於不朽者，既懸額公堂，并欲勒諸貞珉，以示後世使知我邑侯之大德。劉士林等乞余爲記，余雖不文，而仰託仁宇何啻身受，不敢固辭，用記其實，如此云。

賜進士出身誥授中憲大夫前太常寺少卿翰林院侍讀邑人李棠階撰文并書丹，邑庠生馮晴嵐篆額。

萬北園户：生員馮天相、監生張敬堂、監生張履謙、監生武雲漢、監生吕良化、監生賀双喆、生員賀承宗、衛千總胡栢林、生員馮晴嵐、貢生許宗周、生員劉士林、布經歷賀一澍、監生馮全真、監生崔敏文、生員朱佩蓮、監生劉以明、監生劉在河、布理問劉運祥、舉人張永暑、訓導畢世蘭、武生王長安、監生娄達文、監生馮居烜、監生劉蔚、監生劉全義、職員楊碧峰、監生賀潤太、監生馮全响、監生楊登科、知縣胡楓林、監生張立、監生張尚傑、職員閃印全、監生劉德暢、監生吕宗清、監生劉善性、衛守府經振西、廩生吕德良、監生畢純澍、監生王觀梧、廩生蕭剛、監生魏心田、生員簡斐然、職員常有全、監生陳定來、監生劉振鐸、監生司玉、監生蔡政、生員王慶典、武生岳殿元、監生竇心平、職員李福盛、廩生崔敏高、監生李能、吏員黃元蘭、監生劉緼山、生員娄肇、生員李杏園、監生朱履直、監生朱希仁、職員竇尔勛、監生王鑾、監生朱德東、監生朱經誠、監生武文安、監生張兆奎、職員張存城、貢生李三省、監生劉釭、職員劉安舒、監生張達、監生張建德、監生畢堂、貢生畢慎常、生員畢雨、監生許景蘭、監生王鶴翠、監生畢定城、監生李溪、七品張際圖、職員王成德、吕國本、張大見、侯大儒、王立勛、趙成來、趙紹宗、馮居讓、監生武本宗、王九苞、王瑞雲、張全中、劉書田、劉啓明、劉紹恩、劉待聘、職員郭生直、監生王心田、貢生胡祚林、劉樹樟、劉士林、劉存心、劉鉾、職員劉景鈴、劉耀先、劉以惠、王风倫、監生王廷随、王风科、王綿、尚學純、王风至、王体和、王積倉、李永福、王玉章、王栢賢、張百福、王允和、生員常以齊、生員張大軍、生員線士維、職員尚定國、張國全、丹魁元、□大訓、喬廣濟、俌生喬景旭、劉建極、王玉階、登仕郎馮香、祀生寇恒禄、礼生寇天德、王慶雲、登仕郎王澤新、武長立、馮全体、馮秉金、馮秉謙、登仕郎馮全信、司長宗、王文華、李朝貴、朱履

中、郭世隆、竇正仙、朱邦政、監生賀永全、賀士順、裴占緯、郭秉福、竇德福、唐進寧、唐進美、賀方立、賀鳴岐、賀祥龍、賀佩瑗、賀九礼、賀方儒、蔣怀宝、賀祥慶、呼大慶、齊有都、李鳴楊、尚福壽、和應本、張守經、李尚信、竇清平、郭大興、郭名德、張廷萬、岳壽山、高玉甫、崔秉文、監生婁向東、監生□□公、李□廣、□鳳台、□維精、□振江、郭□來、李鳳嵩、□□林、□□宗、□洪秀、□□性、□□興、□□惠、□□生、□玉山、□□賀、監生□振□、佾生□□□、監生□□鶴、□□嘉、高名□、竇明□、尚□□、秦□□、管□□、高□□、李□□、杜□□、杜□□、杜□□、杜□□、杜□□、杜□□、杜□□、杜□□……

皇清咸豐七年六月穀旦立。

《邑侯保護萬北竹園德政碑》拓片局部

万民感德

特用同知衔署孟

县正堂崔

告示

咸丰七年九月十一日示

右仰通知

碑刻

469. 告示碑

立石年代：清咸豐七年（1857 年）
原石尺寸：高 130 厘米，寬 55 厘米
石存地點：焦作市博愛縣柏山鎮貴屯村文昌閣

〔碑額〕：萬民感德

特用同知直隸州河內縣正堂加三級……

山下嚴禁……流□□地戶……地以及□□首事人等知□□示之後□□務□随□□□□□□□不無知之□損河保地……塞流訛詐地戶情事，許由該保地指名具禀，以憑提究。倘敢通同容隱，一經查出，或被告發，定即……嚴處治，決不姑寬。各宜禀遵毋違。特示。

右仰通。

咸豐七年九月十一日示。

告示。寔刻。

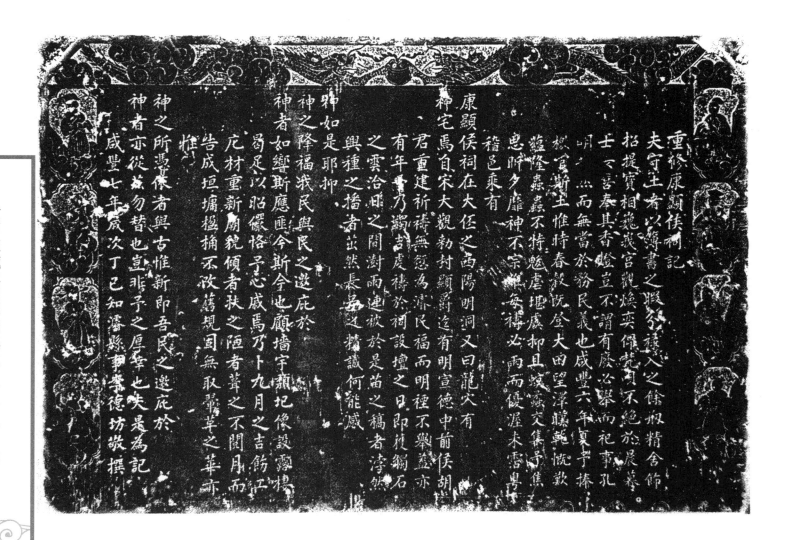

重修康顯侯祠記

夫守土者以簿書之暇汲汲於祿入之餘極精舍飾

招提實相魏藏宮觀燒月不絕於晨暮

士□吾奉其香燈豈不謂有廢必舉而祀事孔

明乎此而無當於黎民義也成豐六年復于捧小

樹宜斯土惟時春牧既登大田望淳饒乾慨歡

藍隆鼏鼏不特魃虐堤廬抑且峻澤交集導焦

患眸夕靡神不宗祝每禱必兩而優渥未嘗豊

稽邑乘有一

康顯侯祠在大任之西陽明洞又曰龍穴有

神宅焉自宋大觀勅村顯爵迄有明宣德中前侯胡□

君重建祈禱無愆多潛民福而明種不樂蓋亦

有年書乃蹋刮慶禱於祠設壇之日即禮翰石

之雲洽昕之間澍兩連被於是苗之槁者澤

與種之播者茁然長矣逯轕識何龍感

神如是耶抑

神之降福戕民與民之遨庇於

神者如響斯應匪今斯今也顧牆宇顚圮像設露棟

厄材重新廟貌傾者葺之陋者荳之不閱月而

告成垣墉樞桶不改舊規固無取羣艸之華亦

神之所憑儀者與古惟新即吾民之遨庇於

神者亦從茲勿替也豈非予之厚望也夫是為記

咸豐七年歲次丁巳知潘縣事業德坊敬撰

470. 重修康顯侯祠記

立石年代：清咸豐七年（1857 年）
原石尺寸：高 100 厘米，寬 139 厘米
石存地點：鶴壁市浚縣大伾山龍洞

重修康顯侯祠記

夫守土者，以簿書之暇，分禄入之餘，創精舍，飾招提，寶相巍峨，宮觀焕奕，俾梵唄不絕於晨暮，士女喜奉其香燈。豈不謂有廢必舉而祀事孔明哉？然而無當於務民義也。咸豐六年夏，予捧檄官斯土，惟時春穀既登，大田望澤。暵乾慨嘆，蘊隆蟲蟲。不特魃虐堪虞，抑且螟蟊交集。予焦思昕夕，靡神不宗。雖每禱必雨，而優渥未沾。粵稽邑乘有康顯侯祠，在大伾之西陽明洞，又曰龍穴，有神宅焉。自宋大觀敕封顯爵，迄有明宣德中前侯胡君重建，祈禱無愆，爲浚民福。而明禋不舉，蓋亦有年。予乃蠲吉虔禱於祠。設壇之日即獲觸石之雲，浹日之間，澍雨連被，於是苗之稿者浡然興，種之播者苗然長。予之精誠何能感神如是耶！抑神之降福我民，與民之邀庇於神者，如響斯應，匪今斯今也。顧墻宇頹圮，像設露棲，曷足以昭儼恪？予心戚焉。乃卜九月之吉，飭工庀材，重新廟貌，傾者扶之，陋者葺之，不閱月而告成。垣墉楹桷不改舊規，固無取翬革之華，亦惟神之所憑依者，與古惟新。即吾民之邀庇於神者，亦從茲勿替也。豈非予之厚幸也。夫是爲記。

咸豐七年歲次丁巳知浚縣事李德坊敬撰。

清（三）

永垂不朽

公善香火地碑记

嘗思公念者無有公善者嗣成公之功此固……

（碑文漫漶，多不可辨）

471. 公施香火地碑記

立石年代：清咸豐九年（1859 年）
原石尺寸：高 125 厘米，寬 55 厘米
石存地點：洛陽市伊川縣彭婆鎮南衙村關帝廟

〔碑額〕：永垂不朽

公施香火地碑記

嘗思：有公心者，斯有公善；爲公善者，斯成公功。此固上之德化所感，亦下之性善所發也。是故南衙村之西南，有田□區，東至水渠，西至伊濱，南與北皆至路焉。是地也，高曾粒食於前，子孫耕耨於後，已數百有餘歲矣。不意嘉慶年間，□水澎湃，濁浪原隰，曾日月之几何，而阡陌盡成沙石之灘矣。幸蒙國恩，催報水塌，而國稞以例優免焉。然剝極則復，天道之常，閱數□年而水道他迁矣，於是合村士民協力築堤，而爲地計，實所以護庄屋而保性命者也。迨堤防既成之後，適有約枕通功者，開渠活水，治畦淤□，不数載而沙石之灘復□爲畇畇之田矣。但恐界畔汩没，爭地失情，不如歸村香火，充資公費，而報神和人，犹不失爲仁里之風也。因會衆公議，老者曰善，壯者曰可，而公心公善遂成義舉焉。即囑余爲文，序事貞珉，詳誌當代之芳規，永垂萬世之準則，庶香火之洋洋可偕，伊水之湯湯久長不息云。

洛邑伊川居士申榮錫堯封氏薰沐撰書。

經事人列後：張思安、張友杰、張守鐸、張思鋭、張友朋、張友合、張友俊、張正周、張思秋、周存心、周大榮、周大受、申麒、申鳳、周宗玉、張正升、張思□、張思傳、周世寿、張元宝、張元山、張思彬、張正位、張元重、張步振、張步雲、張正福、張元法、張名魁、張元升、張思安、張思□、張左西、張正倫、張正策、申福、張守法、張正傳、張思讓、張思廣、張正來、張正學、張思廉、張正德、張正常、張守貴、張思樂、張名揚、張正志、張正宗、張思倉、張思保、張正益、周宗仁、周宗興、張正元、張思玉、張正魁、張思閣、張元才、張卜東、張正祥、張正玉、周宗心、周宗宝、周世禄、周宗有、周宗法、張正虎、高長安、胡春花、孫大法、王振合、張天盛、張思宿、張思太、張步衢、張思茂、張思官、張友富、張正茂、張正朝、張思相、郭振福、申榮錫、張元竹、周宗順、張守印、張守富、張正忠。

住持道人孫合賓，徒刘教明、馬教興。

大清咸豐九年歲次己未季春穀旦立。

清（三）

萬善同歸

遷移觀音堂碑記

邑西北十里許張村舊有觀音堂一座神庇民安歷年所矣因此處皆河水患難

支宴寔之中黙示其意咨村人等即於善慶年間遷居寺后陵名太和庄竊思人既

得所神何故襄乃於道光二十□年購覓地基重修廟宇遷移神像復甚柏樹九株

以壮觀瞻以儲修貲厥功竣爰將捐施姓名勒石以垂不朽云

邑庠生衛榮陞撰

邑庠生郭維則書丹

龍飛咸豐九年歲次己未季春之月

穀旦

472. 遷移觀音堂碑記

立石年代：清咸豐九年（1859 年）
原石尺寸：高 139 厘米，寬 54.5 厘米
石存地點：洛陽市孟津區龍馬負圖寺

〔碑額〕：萬善同歸

遷移觀音堂碑記

邑西北十里許張村，舊有觀音堂一座，神庇民安，多歷年所矣。因北濱黃河，水患難支，冥冥之中，默示其意。合村人等即於嘉慶年間遷居寺後，改名太和庄。竊思人既得所，神何敢褻，乃於道光二十八年，購買地基，重修廟宇，遷移神像。復栽柏樹九株，以壯觀瞻，以儲修資。厥功告竣，爰將捐施姓名勒石，以垂不朽云。

邑庠生衛榮陞撰文，邑庠生郭維則書丹。

（以下碑文漫漶不清，略而不錄）

龍飛咸豐九年歲次己未季春之月穀旦。

473. 重修關帝廟碑記

立石年代：清咸豐九年（1859年）
原石尺寸：高114厘米，寬53厘米
石存地點：新鄉市平原示範區祝樓鄉閆莊村關帝廟

〔碑額〕：萬古流芳

磁碉堤五牌閆庄北首舊有關聖帝廟一座，不知創自何時，重修數次。嘉慶二十四年河決馬營，廟未全壞，神像傾圮。道光六年，會首閆榜、閆桂、閆礼、胡清池率衆補修，金妝神像，開光献戲，未曾勒石。至二十九年，風沙損傷，廟宇又壞。榜子錫田、礼子選升，與閆貞、閆長礼、閆墇、閆和、閆鴻升、桂孫報義各矢虔心，重修廟宇，復金聖像，山門、垣墙焕然一新，開光献戲，人人共欽。工竣，刻諸珉石，以永垂不朽云。

明經進士閆俊偉、增廣生員胡逢乙并撰文，邑庠生員閆省三題額，邑庠生員張辛酉書丹。

會首閆錫田施泥水六工、匠人飯三日、施長椽五根、瓦五十个。會首閆選升施泥水四工，會首閆貞施泥水一工，會首閆長礼施泥水一工、施椽五根、匠人飯三日。會首閆墇施泥水四工、長椽五根，會首閆和施泥水一工、椽五根，會首閆鴻升施泥水二工，會首閆報義，閆喜山施小椿樹一株，閆常喜施麥稭二十斤。

木作匠郝廷元，泥水匠吳法舉，金塑匠李秋魁，刻石匠何柱。

大清咸豐九年歲次己未十一月吉日立。

清（三）

黄河流域水利碑刻集成·河南卷 四

重修碑記

重修會龍四大王廟碑記

474. 重修金龍四大王廟碑記

立石年代：清咸豐九年（1859 年）
原石尺寸：高 196 厘米，寬 66 厘米
石存地點：焦作市博愛縣鴻昌街道辦事處大王廟

〔碑額〕：重修碑記

重修金龍四大王廟碑記

清化鎮何爲而有大王廟焉？其始創建於晋之□□□晋岡。晋岡賈於鎮，常南北懋遷，舟楫往來，時獲神佑，欲爲酬神而無妥神之所，遂與同鄉同商建立斯廟，時則前明隆慶五年也。厥後屢次修補不一，其□明至於今，雖無榱崩棟折，而風摧雨潑，損壞實甚，若不再爲之修，不幾有開於先，莫繼於後，致專美於前人乎？於是衆商倡率募化，於咸豐三年，捐資共計錢三百餘千。遂即鳩工庀材，未幾而粵匪圍郡城，資亦告罄，工乃停。至今年丙松胡、三恒李君等復聚而相謂曰：大王廟工半途而廢，豈可已乎？乃更爲籌畫，又捐資共計錢二百餘千，於冬初飭工以營之。夫神聰明正直而壹者也，豈於廟宇之崇卑，殿庭之新故，而有异其鑒臨哉！而人之不忍於室破垣頹者，亦謂神所憑依，務使整齊嚴肅，人閱之而心安，想神栖之而無不安，此亦聊展區區之敬心，冀妥靈爽於萬一也。如謂必丹其楹，刻其桷藻，繪其節梲，始可以邀神惠而□神庥，此王孫賈媚奧媚竈之説，不亦輕瀆天神也哉。要之修廟宇，扶神像，總由於善念所起，而非有所冀望焉，然而冥漠之中，神之眷顧者已多矣。廟中正殿、捲棚，東西垣墻，東西兩樓，大門、儀門以及大門外之舞樓，莫不廢者修之，弊者補之，并兩樓之神像皆爲金裝。煌煌乎，美輪美奂，如鳥如翬！宫闕壯麗，廟貌□嚴，睹之者未有不悚然起敬，儼若神靈之赫赫在上也。兹值工已告竣，將勒貞珉，弟子路生請記於予。予無可辭，遂如其事以記之。所有捐輸姓氏列於碑□，亦不没人善之意歟。

例授徵仕郎候選直隸州州判恩貢史本直薰沐撰文，欽加同知銜己酉科舉人候選知縣路達薰沐書丹，邑庠生員李鑑如薰沐篆額。

欽加提舉銜懷慶府糧捕鹽務水利分府加五級記録十次李澐。

署河南河北鎮標左營清化汎部廳拜鳳岐。

執事會首事：路宓、胡丙松、李三恒、高天中、李瑞、羅良相、路生棠、沈天禎、義聚店、泰順帽店、合盛恪記、元化樓合記、君順店、玉生衣店、順興成號、泰順衣店。

住持韓□，石匠□□。

大清咸豐九年十二月穀旦立。

475. 重修三教殿及諸殿金妝神像移修戲樓山門碑記

立石年代：清咸豐九年（1859 年）
原石尺寸：高 157 厘米，寬 63 厘米
石存地點：焦作市溫縣祥云鎮作禮村龍王廟

〔碑額〕：永保千秋
重修三教殿及諸殿金妝神像移修戲樓山門碑記
　　殊途而同□於天地，异道而共昭於古今。其源有三：曰儒、曰釋、曰道。儒以教化爲事，釋以救濟爲心，道以功行爲務。□□同而教人……之指歸則一，故天下崇奉，祀儒以廟，祀釋以寺，祀道以觀，各有所主，而不相雜。然既可并行於一世，豈不可并列於一堂？如吾□□□之有三教殿，建之前人，修之今日，功甫落成，將勒金石。□姻長太柏崔公乞予爲文，予固陋不敏，且學久疏嫩，執□然□，□□之□氏、吉氏、梁氏皆姻黨也，不敢□不文辭。爰爲之序而記其事曰：作禮村舊有三教殿，創造已久，代遠年湮，殿宇頹損，□□□落。□□三月間，善人崔天景捨身發□，欲改修山門、戲樓，并妝正殿法像。鄉人公舉貢生梁其溫及崔世豐總其事，同募化□□。至九月□□，崔太柏請河內縣風鑒增生栗芳相地，□言：戲樓後移，修低二尺，取廟氣□也。山門則高八寸，取與大殿配合也。但樓東□南，屬郭□□地六分整，梁其溫、崔世謙、崔天俊欲以他地易之，郭明宗允，因議：崔世謙、崔太柏及崔太占諸人宛商，於于公田地八分□□四□□□□□，易與郭明宗六分整，戲樓方能後移。丁巳正月始糾工，移修戲樓，補修正殿，金妝神像，重修山門。社會執事皆與首□□、□□□氏□，歷年辛苦，積布施錢貳拾貳仟，助修正殿、暖閣。若關帝、廣生、孫真、城隍、火神、馬王諸殿及法像，則梁其溫以年□日，□□殘□□發信心所修妝也。戊午五月，天大旱，崔世官、梁其溫爲首領，禱□□神床，甘霖沛布。鄉人共議修龍王殿，□□妝□□尉法□□，崔太柏延栗先生度地言：龍王殿坐落六煞，與廟不合，宜於東南生氣建之，因改修龍王殿一所。始終其事者，□梁其溫、□□□，而諸執事皆宣力焉。而今而後，煥然惟新，靈應如響，可以祈雨晴，可以求福佑，馨爾享祀，保我黎民於萬斯年，永垂勿替。
　　授中憲大夫内閣侍讀學士段晴川撰，後學崔敬用書。
　　祈雨修龍王殿、金妝龍王、太尉法像，化費錢八十二仟九百乙十九文，合村按地畝均派。開工□此化費錢三百九十六千二百六十九文。以上統共化費□四百七十九千一百八十八文。共布施錢貳百七十七仟五百五十文。除地畝均派并布施，下缺錢一百一十八千七百一十九文。貢生梁其溫與弟其深、其源商議，情願補捐錢壹百一十八仟七百一十九文。開光共化錢七十七仟六百八十八文。合村按地畝派錢六十二仟五百零八文，下缺錢拾五千一百八十文，梁其溫又補係□光□食錢。
　　五社會首：崔世謙、王鑑清、□□魁、王有禎、崔太栢、崔大仁、吉光□、郭文章、崔敬福、吉元興、崔世合、崔世通、梁清和、王守正、崔大順、蘇福元、王中元、崔天俊、徐則成、王福榮、崔太禎、任三貴、吉永言、王心清、王九貴、郭以合、崔天文、王慶元、崔乾文、王心月、吉廷秀、徐明、吉全信、楊士公、梁存範、郭喜魁、崔全保、梁秀中、郭金富、崔世好、劉全道、吉福興、魏雪彦。（以下碑文漫漶不清，略而不録）
　　住持僧：海松、徒惠壽。泥木匠：王中元、崔大智。金塑匠：段鳳林。油匠：韓振耀。石匠：□秉福。
　　皇清咸豐九年歲次己未三□戊辰穀旦。

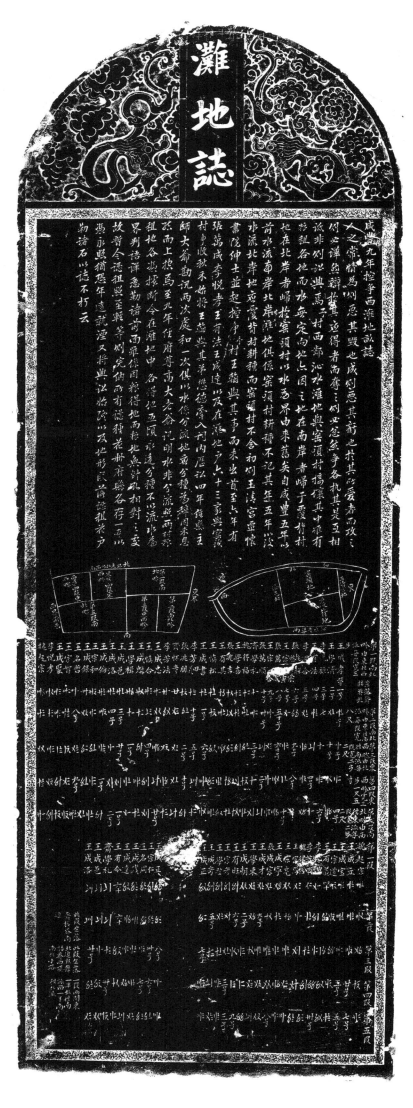

476. 咸豐九年控爭西灘地畝誌

立石年代：清咸豐九年（1859 年）
原石尺寸：高 160 厘米，寬 60 厘米
石存地點：焦作市沁陽市柏香鎮伏背村王氏祖祠

〔碑額〕：灘地誌

咸豐九年控爭西灘地畝誌

　　人之常情，爲則惡其毀也，成則惡其虧也。於其所愛者而攻之，則必譁然辯。於其応得者而奪之，則必忿然爭。各執其是，互相詆非，則訟興焉。予村西鄰沁水灘地，與窑頭村接壤，其中雖有粮租各地，而水無定向，地亦因之。地在南岸者歸于覆背村，地在北岸者歸於窑頭村，以水爲界，由來舊矣。自咸豐五年以前水流南岸，北岸灘地俱係窑頭村耕種，不記其年，五年以後水流北岸，地応覆背村耕種，而窑頭村不舍。初則玉清宮覃懷書院紳士并起控爭，予村王翰與其事而未出首。至六年，有張萬成、李悦孝、王有法、王成達以及在灘地戶六十三家與窑頭村爭收秋禾，始將王翰與其弟懋德牽入祠內，歷訟四年，經縣主師大爺勘訊兩次，處和一次，俱以水係分流，地応分種爲辞，因未息結而上按焉。至九年經府尊高大老爺訊明水非分流，照兩村糧租地各憑據斷。令在灘地中各得地五頃，永遠分種，不以流水爲界，判語詳悉，勒諸前面。雖係因粮得地，而粮地無針孔相對之處，故暫令認租，照至輕等則完納。所有認種花冊府縣各存一本，以憑永照。猶恐年遠就湮，又將興訟。始終以及地形段落認租花戶勒諸石，以誌不朽云。

　　第一段南北畛，由東往西派，每段寬三步。坐落舞樓脊北。

　　第二段南北畛，由東往西派，每段寬八尺。

　　第三段東西畛，由北往南派，每段寬二步二尺。

　　第四段東西畛，寬三步一尺五寸。

　　第五段南北畛，由西往東派，南往北派，每段寬二步二尺。

　　王成孝，第一號，卅六號，卅一號，廿二，四號。

　　王學濟，二號，四六，十號，廿四，廿五。

　　李悦禄，三號，七,十一　，卅三，六號。

　　王口法，四號，廿七,六一　，四號，十一。

　　李口合，五號，四八，廿五，卅九，四五。

　　張兆祥，六號，五五，九號，八號，十五。

　　張魁宗，七號，四一，廿七，十六，十號。

　　王宗寅，八號，五十號，六十號，卅四,三五。

　　張萬成，九號，卅一，四三，廿一，廿三。

　　王宗合，十號，卅號，六二，二號，六一。

　　張萬順，十一，卅二，三號，十一，四一。

　　齊學禮，十二，廿六，五七，十九，卅六。

　　魏得福，十三，十八，五一　，六二，十四。

　　王學喜，十四，六四，五三，十五，十六。

張兆吉，十五，卅七，卅四，廿八，五四。

王有其，十六，十九，五四，五三，三八。

王慎松，十七，一號，六號，卅六，廿四。

王成書，十八，十號，五號，六三，十二。

李芳田、李芳義，十九，五六，二號，十號，五一。

張兆朋，廿，四三，四八，四六，六十。

齊懷壽，廿一，五四，四九，廿五，十三。

李芳法，廿二，四四　，卅五，六十，廿號。

王成忠，廿三，六三，四號，五二，四二。

王慎合，廿四，十二，五十，卅七，十七。

王成魁，廿五，十一，一號，廿六，四一。

王學楫，廿六，三號，廿號，四二，一號。

王成邑，廿七，四號，廿一，四一，二號。

王成倫，廿八，卅九，廿八，一號，五十。

王宗和，廿九，廿二，五六，廿三，廿七。

王成銀，卅，四九，五二，五六，四六。

王名哲，卅一，八號，四八，九號，卅七。

王宗智，卅二，廿八，十九，四三，廿九。

王成聚，卅三，卅三，十八，五十，十九。

李悅孝，卅四，十三，卅三，四九，五二。

魏起宗，卅五，十三，四四，十八，廿一。

第一段。

魏起宗，卅六，廿四，四五，十九，廿二。

王成立，卅七，卅七，卅九，廿號，七號。

王成寶，卅八，卅八，卅二，五號，五號。

王宗道，卅九，廿九，五五，廿九，十八。

王有義，四十，五七，十五，五四，五四。

李成□、李成□，四一，五一，廿二，五五，卅號。

李芳□，四二，十六，十七，五一，五三。

魏得福，四三，廿一，四二，四十，五八。

王宗□，四四，十五，三七，四三，卅一。

王宗亮，四五，十七，二六，卅五，卅二。

王成寧，四六，十四，卅八，四四，八號。

張成宗，四七，九號，卅七，四七，四九。

王成才，四八，四五，十四，四八，六三。

王學東，四九，二號　，廿三，十二，五五。

王成朝，五十，六號，廿四，十三，九號。

王有旺，五一，四十，四六，三號，三號。

王宗彥，五二，四七，十六，卅七，廿八。

王學登，五三，五號，十二，六一，四八。

王成奇，五四，五二，七號，卅二，卅三。

王成正，五五，五三，八號，卅一，卅六。

王宗仁，五六，五八，卅號，六號，五六。

王名周，五七，五九，二九，七號，五七。

王成錢，五八，卅八，廿七，廿七，四七。

王成達，五九，廿五，卅六，四五，六二。

王有令，六十，六十，五九，十四，廿六。

齊學禮，六一，六一，十三，卅號，卅九。

王成邑，六二，六二，廿一，五九，四四。

王成洛，六三，六三，廿號，五八，四三。

第二段，此段坐落舞樓脊南边。

第三段，此段坐落北边照舞樓脊西頂南长小路。

第四段，一段兩間，东一半北往南派，西一半南往北派。

之具渠水遏海可永流遏海此一遠公經理以後師漁有科而

咸豐九年五月二十二日天降大雨利河城河除水由陽漾而下匯流各

府淤塞由承被淹保地都百田以積水難消具稟縣天寨下屢蒙蒙墾地

村挑花陽漾以除積水馬鋪村田以墊土憲家府批飭……生糊度地

縣主師因事關民瘼親詣勘明焉彌村馬有土嶺一道以致陽漾不道積水壅

同書役將陽漾六津挑浚深通諭令谷村捐磚於土嶺下脩砌洞口三尺五寸

有親友楊夷澤督工告竣處和兩村共稟懇恩委訊結公勘經縣主吳訊結公勘

是為記

豐十年□月穀旦

東王召公立

477. 修砌濠水除水患記

立石年代：清咸豐十年（1860 年）
原石尺寸：高 110 厘米，寬 51 厘米
石存地點：焦作市沁陽市博物館

修砌濠水除水患記

……利之興，遇旱可以灌溉，遇潦可以疏消，此袁公經理以後，所以有利而無……勢更變，咸豐九年五月二十二日，天降大雨，利河城河餘水由陽濠而下，匯流於東……游淤塞，田禾被淹。保地都百□將因以積水難消具稟縣天案下，屢蒙堂訊，即飭……村挑挖陽濠以除積水。馬舖村呈控上憲。蒙府批，憲札飭縣主□度地……縣主師因事關民瘼，親詣勘明：馬舖村西有土嶺一道，以致陽濠不通，積水壅……同書役將陽濠一律挑浚深通。諭令各村捐磚於土嶺下，修砌洞口三尺五寸……有親友楊天澤等督工告竣，處和兩村具稟，懇恩悉訟，經縣主吳訊結，公勒於……是爲記。

咸豐十年二月穀旦。東王召村公立。

清（三）

1169

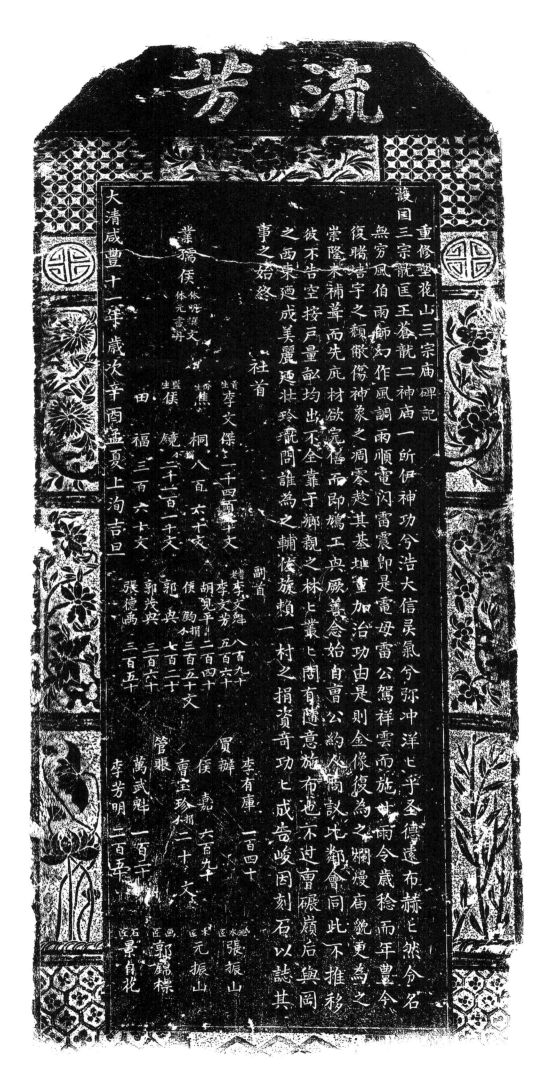

流芳

重修塑花山三宗庙碑记

護国三宗就匡王眷就二神庙一所伢神功分浩大信灵氣分弥冲洋匕乎圣德遠布赫匕然分名
無穷風伯雨師幻作風調雨順電閃雷震卽是電母雷公駕祥雲而施廿雨令歲稔而年豐今
復瞻堵宇之顏傲傷神象之洞零趁其基址重加治功由是則金像復為之爛慢廟貌更為之
崇隆未補葺而先庇材欲完福而卽鳩工央厥善念始自曹公約之鄰會同此不推移
彼不告空接戶量畣均出不全靠于鄉親之林匕業匕問有隨意施布也不过曹碾巅后與岡
之西廼成美麗廼壯玲瓏問誰為之輔俊旋賴一村之捐資奇功匕成告竣因刻石以誌其
事之始終

業獼侯　体明撰文　元言母

社首

副首

貢生李文傑　二十四两　　文
生李文芳　捐　　文

替李文斗　八百九十文
胡覓平　二百四十文
郭典与　七百二十文
侯駒小捐　三百五十文

買辦
李有庫　一百四十
侯嘉　六百九十文
曹宝珍捐二十文

監生侯鏡　二十二百二十文
糖焦桐編八百六十文
郭茂典　三百六十
張德禹　三百五十

管賬
萬武魁　一百十
李芳明　二百平

沁水張振山
術元振山
画石景自花
郭麟標

大清咸豐十一年歲次辛酉孟夏上洵吉旦

478. 重修塑花山三宗廟碑記

立石年代：清咸豐十一年（1861 年）
原石尺寸：高 122 厘米，寬 50 厘米
石存地點：安陽市林州市原康鎮塑花山三宗廟

〔碑額〕：流芳

重修塑花山三宗庙碑記

護國三宗龍匡王、蒼龍二神庙一所，伊神功兮浩大，信灵氣兮弥冲，洋洋乎圣德遠布，赫赫然令名無穷。風佰雨師，幻作風調雨順；電閃雷震，即是電母雷公。駕祥雲而施甘雨，令歲稔而年豐。今復睹墻宇之頽敝，傷神象之凋零，趁其基址，重加治功。由是則金像復爲之爛熳，庙貌更爲之崇隆。未補葺而先庇材，欲完善而即鳩工。興厥善念，始自曹公，約人商議，比鄰會同。此不推移，彼不告空，按户量畝均出，不全靠于鄉親之林林叢叢。問有随意施布也，不过曹碾嶺后，與岡之西東，乃成美麗，乃壮玲瓏。問誰爲之輔佐，旋賴一村之捐資奇功。功成告竣，因刻石，以誌其事之始終。

業孺侯体明撰文，業孺侯体元書丹。

社首：貢生李文傑捐錢一千四百三十文，佾生焦桐捐錢八百六十文，監生侯鏡捐錢二千一百一十文，田福捐錢三百六十文。副首：耆老李文魁捐錢八百九十文，李文芳捐錢五百六十文，胡見平捐錢二百四十文，侯鈞捐錢三百五十文，郭興捐錢七百二十文，郭茂興捐錢三百六十文，張德禹捐錢三百五十文，李有庫捐錢一百四十文。買辦：侯嘉捐錢六百九十文，曹宝珍捐錢二十文。管賬：萬武魁捐錢一百二十文，李芳明捐錢二百五十文。

泥水匠張振山，木匠元振山，画匠郭錦標，石匠景自花。

大清咸豐十一年歲次辛酉孟夏上洵吉旦。

録案永記
重修碑記

雍正拾二年小陽月立石

同治元年歲次壬戌四月穀旦重修

479. 録案永記重修碑記

立石年代：清同治元年（1862 年）
原石尺寸：高 159 厘米，寬 55 厘米
石存地點：焦作市沁陽市懷慶街道陽華村湯帝廟

〔碑額〕：録案永記重修碑記

粵稽下清一河，自太行山九道堰内陳家磨出，至山門外張家灘丹河西岸，取水分爲南北兩渠，下清南渠長有三十餘里，入沁，闊共一丈二尺，河口面寬八尺，河底寬五尺。兩邊随兩岸撻涯。此所以彰明較著者，正恐耕田者之侵占而後人難以修治耳。自大明永樂初年以至大清康熙中年，并無碑記，諸渠唯以誌書水册是憑。越二十餘年，永興與中泗争河口，皆因無碑記之故，以致争訟十有柒年未能結案。後蒙吳宗師大人審訊明白，俾伊在下清河口之東夥立一口，以取丹水。我下清河堰長宋安民携同我下清河紳士當堂啓稟，謂："彼立口於下清河口之東，於我河大有不利，厥後難免争端，請大人再爲斷之。"大人令永興、中泗與下清之間築起沙埈丈餘，以爲界限。工成之日，覆請吳宗師大人驗看明白，存諸縣案。又命各立碑記，以爲永照。河議云，西一口，下清南北兩渠；東一口，永興、中泗兩渠。河若壅塞，各自開通；如決斷中間沙埈，公爲修理。自此之後，各安其利，永無争端。因勒貞珉以垂不朽云。

下清河紳士楊世俊、吳道明、郭萬禄、郜文華、衛讚、馮鎔、趙希聖、王京同誌。

雍正拾二年小陽月立石。

此舊録案永記碑也，創於雍正年間，所載下清河事，最爲詳明，故立於廊廡，永垂河憲，迄今百餘年來，固未有不愛護之而忍爲風雨所托落者也。不意咸豐三年，粵賊北渡，巢穴於吾邑，淹留於我鄉。頹屋墮垣，始施燼於民宅；焚宮爇殿，復流毒於神居。慢神虐民之際，夫固一物之罕存矣，又何有於録案永記之一碑乎？猶幸百廢之中僅留一善碑，形雖已損壞，碑文尚可觀瞻。然不於其初壞而重修之，則將廢者必至於盡廢而已也。碑既廢則河利無憑，河利無憑則必有狡猾之徒擾亂河規，混賴河利，或無利而爲有，或利少而爲多，其不至於興詞滋訟也幾希矣。故邀請上下利户重建新碑，悉依原文以勒之。然猶慮後人不知重修之由也，故爲小序以誌於末。

誥授奉政大夫、前署開封府中牟縣訓導、現任歸德府柘城縣教諭、即選知縣、欽加同知銜、并賞戴藍翎、邑人吳青藜撰文。邑庠生吳保真書并篆額。

公執人：

南陽華村：吳需謹、郭維垣、楊善志、靳廷鰲、吳家萃、王景程。

北陽華村：胡福業、張文運。

蓮花池村：張元臣、閆樹興。

王莊村：丁耀先、朱存聚、王學義、張發雨。

姑姑寺村：崔永昇、徐德茹、李步蟾。

馬巷村：馬惇初、肖存貴、閆洪昇、馬居仁。

徐巷村：徐永連、徐永禎、朱存德、徐永泰。

雙磨村：張謀禮、王子貴、馬居正。

……

堰長：郜清和。

石匠：常德元、常孝德、董廷義。

同治元年歲次壬戌四月穀旦重修。

永垂不朽

補修□□大王廟前後左右殿碑記

黃大王廟以及前左右殿自咸豐肆午已重修焉綿延至今又將
嘗讀誦仍舊貫斯知易舊更新無容大為改作踵事夫增葉延七姑潰舊有
住持捻余聖諭興諸村人同心合謀募化四方各捐貲財修理舉工隆替徃來行人莫不甘學心傷
神聖之震動亦諸省□者之力興當斷時觀廟貌之輝望燦然射於牛斗覺棟宇之峻大既即一新其即
然蓋乎雲宵君山伊水培其脈泉石參其形可以肅觀瞻可以鼓神靈豈非和衷瀰軍河
能如此而又祈海嵗延師訓讀端風化正人心神人以和盡善盡美盡堂僅易舊更新之謂

裁於是偏文于于固而促吉以施之 張和昌施銀二千九
邑儒童趙成志撰書 郭永昇施銀二千女 高尚盡絪利
王萬吉三百

480. 補修黃大王廟前後左右殿碑記

立石年代：清同治二年（1863 年）
原石尺寸：高 113 厘米，寬 54 厘米
石存地點：洛陽市欒川縣石廟鎮石廟村黃密寺

〔碑額〕：永垂不朽

補修黃大王廟前後左右殿碑記

嘗讀語仍舊貫，斯知易舊更新，無容大爲改作，踵事夫增華也。七姑溝舊有黃大王廟，以及前左右殿，自咸豐肆年已重修焉，綿延至今，又將頹敗，往來行人，莫不目擊心傷。住持余聖諭與諸首人同心合謀，募化四方，各捐資財，補理修葺，工隆告竣，煥然一新。斯即神靈之震動，亦諸首事者之力。與當斯時，睹廟貌之輝煌燦然，射於牛斗；覽棟宇之峻大巍然，盪乎雲霄。君山伊水培其脉，泉石參其形，可以肅觀瞻，可以鼓神靈。要非和衷濟事，何能如此？而又於每歲延師訓讀，端風化，正人心，神人以和，盡善盡美，豈徒易舊更新之謂哉！於是屬文于予。因爲俚語言以誌之。

邑儒童趙成志撰書。

山主：杜洛施錢五百，常愿施錢五百，杜桐茂施錢五百。化主：常銀章施錢一千五百。監生常顯章、常玉平、常遇堃、潘永貴、李江淮、同心昌各施錢一千文。丁玉春施錢一千二百。同心和施錢二千五百。楊老六施錢六百。監生常明章、生員張永盛各錢五百。化主：楊九霄、陳建章、陳玉堂、高尚智各錢五百。同心號施錢三千，畢成敬施錢三千，郝萬金施錢二千，仁和堂施錢一千五百。從九張九如、潘忠、郤松、監生常印章、千總常琢章、監生黃進宝、鳳岩堂各施錢一千文整。吳太和、代金、蘇廷美、黃太平、尚改名、刘云高、郭云奇、楊漢都、監生王漢書、通太號、常思勵、陳百忠、同信號、清吉堂、常進忠各施錢五百。郭永昇施錢二千文，張和昌施錢一千文。永昇和、周鳳岐、潘玉瑞、成吉堂、復盛號、義聚號、常蘇章、尚及明、刘云高各錢五百。張興盛、郝三畏、常津平各施錢四百文，趙百春、王克和施錢四百，監生王朝宗施錢五百，高尚書、王萬書施錢二百。

住持：余聖諭。

同治二年正月十九日榖旦□立。

建□靈閣序

上苑村西社舊有□□由來

久矣至□照十七年火水□□□

起壞下餘零星不石□其□□月□

用西社分到錢二千四百□□

人家領出賬以建鎮□□成豊九年共

以鎮逆庶□□保□一方也於這合社公

議遂達□□聖閤容微昉于為所广那

陽者言此功水□□□五四□□

錢一百二十千始□□□□□

即其所述者而言之云爾

漆濵居士趙之慥□撰并書

首事人□德昌
□工楊瑄
□□水村
反工仲文信

太清同治二年四月穀旦十日

481. 建五聖閣序

立石年代：清同治二年（1863 年）
原石尺寸：高 52 厘米，寬 69 厘米
石存地點：焦作市溫縣招賢鄉上苑村

建五聖閣序

上苑村西社舊有牛王堂一□，由來久矣。至嘉慶十七年，大水泛漲，□□圮壞，下餘零星木石□□□玉皇廟所用，西社分到錢二千四百文。……三人承領，出賬收息積整。咸豐九年，共錢一百二十千整，將欲修造。適有相陰陽者言：此方水星之位，宜建五聖閣以鎮之，庶可保障一方也。於是合社公議，遂建五聖閣。落成囑予爲序，予聊即其所述者，而言之云爾。

潦濱居士趙之璧撰并書。

首事人：王百祥、謝永壽、□德昌。畫工：楊恒玉。石工：申文儒。

大清同治二年四月初十日穀旦。

流芳

补修龙神庙碑记

恩莫鸟於前虽美弗彰莫继於後虽盛弗传庙上村旧有
龙神庙三楹年深日久风雨剥
址……几年之摧震与砖瓦几毁于践伤乃令
余十慨然有……修庙宇之意爰集社中父老公同商议
同治元年以来每岁演戏所剩钱文约有
修理庙宇三间马厩两间禅房一间不料功程浩大钱饷短少所余不偿所费
後约社泉公同计议量力捐赀填此阙饷社众无不乐从捐钱姓氏开列於後以垂不朽云

大清同治叁年岁次甲子嘉平月吉日

社首　鲍俊
李文成　法安
副首

以上共捐钱六十千零叁百文
贾钱九十七千五百文

石工　　木工　　瓦工

482. 補修龍神廟碑記

立石年代：清同治三年（1864 年）

原石尺寸：高 170 厘米，寬 75 厘米

石存地點：安陽市林州市合澗鎮小寨村府君廟

〔碑額〕：流芳

補修龍神廟碑記

嘗思莫爲於前，雖美弗彰；莫繼於後，雖盛弗傳。廟上村舊有龍神廟三楹，年深日久，風雨剥……址，幾幾乎傾覆矣，磚瓦幾幾乎毁傷矣。鮑君、李君等思同治元年以來，每歲演戲，所剩錢文約有……餘千，慨然有補修廟宇之意。爰集社中父老公同商議，社中之人莫不欣喜。遂於次年九月間……修理廟宇既成，又修禪房三間、馬廄兩間、飯棚一間。不料功程浩大，錢餉短少，所餘不償所費……復約社衆公同計議，量力捐資，填此虧餉。社衆無不樂從，捐錢姓氏開列於後，以垂不朽云。

鮑俊捐錢四千，李文安、李文法、李文成，捐錢四千。監生李守元捐錢叁千五百，普保安、李文會各叁千，德和兆捐錢貳千，萬泰永、王加瑞各一千五百，常福林捐錢一千一百，運隆磨、王懷、李文英、李三多、李增元、李苕、李魁、李芳、王長雲、王加礼、王加深、常福新、常富、常福興，各一千。常福全、李林、李杰，各八百。□鏡、源和興、王省、王加連、李經、監生李占魁、宋均、宋臣，各五百。常榮、李俊，各四百。公順和、郝坤、王加章、郭文福、陳德金、王經、王和、趙柄寅、李其，各二百。任起元、李心成，各二百五十。李福、李有財、牛文和、王更、鮑元、蕭見明，各二百。常福元、常甫、牛珍、韓永倉、牛福元、鮑耀先、李執、張永興、李凌、李景、楊標、李咸元、李開元、王花保、李光先、李德明、李復己、牛文義、李洛，各貳百。常治國、李愛、李五成，各一百五十。霍平、王加全、李忠、殷万財，各一百。王加□、郭九福、李平和、溫戌、李萬、王爭利、宋丑、曹富、王加順、殷万□、王加□、李來、王祥□、王加禄、王永成、王安明、王積、李有成、李爲、李琛、王加賓、王松、姬奉鳴、王永清、李法、常寬、常貴元，各一百。常蘭、常法、常志得、常志泉、常學、常福容、牛魁、鮑榮先、王清、李占勛、霍興、鮑恒、楊興、常禄、任同、殷義、王中先、鮑文安、任更元、李用、李文明、李生元、何貞林、李文忠、李瑞、牛芳，各一百。李瑞、李朝、李先、李花、李占元、李倫元、李秀、李德、宋貴林、李蘭、宋義、張聚法、鮑文山、李瑶，各一百。

以上共捐錢六十千零叁百文，費錢九十七千五百文。

社首：鮑俊、李文法、李文安、李文成。副首：李增元、李三多、宋均、霍平、監生李守元、李經、常福全、曹保安、王加琛、李福、王省、李苕、李文會、常福興、王加瑞、李文英。

木工、瓦工、石工。

大清同治叁年歲次甲子嘉平月吉日。

永定橋 何家村何姓同族補修碑

483. 何家村何姓同族補修永定橋碑記

立石年代：清同治四年（1865 年）
原石尺寸：高 151 厘米，寬 54 厘米
石存地點：洛陽市汝陽縣蔡店鄉何村

〔碑額〕：永定橋　　日　月

何家村何姓同族補修碑

恭表：嘗思遠達康莊謂之永，纂修金石謂之定，跨越山蹊謂之橋。至仍舊貫而聿新之，鏟雲山，填漏板，亘影於蟎蝀，橫空長應乎斗車運中者，則謂之補修永定橋。溯此橋之址，舊名小橋溝，盖南於長壽山十里許，北於杜河水數步餘，崖路絕支略彴矣。但便人而不便於車，每雨連橋斷，尋別渡焉。迄雍正年間，常渠村、何家村劉、何兩姓重修。迨乾隆年間，余五世祖諱永璋獨修，經營宏廠，起勢崇高，通萬里，逾兩世，橋永定矣。乃潦水流穿，石板崩陷，又有墜人覆車之患。於是吾同族間商議，捐資補修復完。更以石屏障兩邊，不患溪陡越千丈，庶幾車馬便行焉。回視夫溝澮□曲，輿梁穹隆，與雲樹蒼蔚相掩映，泂四圍山色間一鞭快事。由是而山以北焉，則河永定矣，水以西焉，則橋永濟矣。咫尺間山商海客，應歌舞於永定橋間，皆補修此橋之勝觀也。功既成，橋益永，既祖諸武以繩之，因刻諸石以誌之云。

監生何重興、儒童何湛然沐手拜撰并書丹。

功德主：何登雲二百文，監生何齊變錢十六千文，壽官何臨嵩錢兩千文，耆英何潤錢六千五百文，耆英何伊嵩錢二十一千五百文，耆英何繼程錢二百文，耆英何治然錢五百文，何文興錢二百文，何長河錢一百文，何長興錢一千文，何湛然錢五千文，何繼邵錢一千二百五十文，何來朝錢兩千五百文，何起興錢二百文，何灑然錢五百文，何隆興錢二百文，何魁興錢二百文，何福然錢五百文，何光興錢二百文，何中林錢二百文，何仁興錢兩千文，何耀祖錢二百文，何雪娃錢一百文，何中奇錢五百文，何敬錢二百文，何朝祖錢二百文，何占魁錢五百文，何迎祖錢三百文，何文林錢兩千文，何廣禄錢一百文，何希祖錢五百文，何續祖錢一百文。

大清同治肆年四月上浣穀旦。

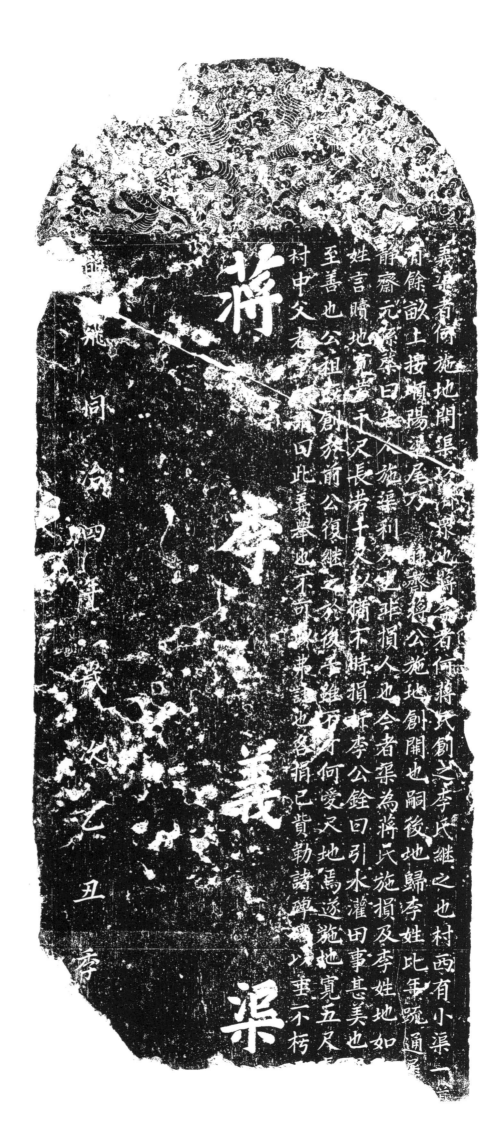

484. 蔣李義渠碑記

立石年代：清同治四年（1865 年）
原石尺寸：高 158 厘米，寬 66 厘米
石存地點：洛陽市伊川縣鳴皋鎮鳴皋村

蔣李義渠

義渠者何？施地開渠以濟衆也。蔣李者何？蔣氏創之，李氏繼之也。村西有小渠一道……有餘畝，上接順陽渠尾，乃靜齋蔣公施地創開也。嗣後，地歸李姓，比年疏通，屢……靜齋元孫榮曰：先人施渠利人也，非損人也。今者渠爲蔣氏施，損及李姓地，如……姓言贖地，寬若干尺，長若干尺，以備不時損折。李公銓曰：引水灌田，事甚美也……至善也。公祖既創於前，公復繼之於後，予雖不才，何愛尺地焉？遂施地寬五尺……村中父老争相謂曰：此義舉也，不可以弗誌也。各捐己資，勒諸碑碣，以垂不朽云。

龍飛同治四年歲次乙丑季……

捻碑記

同治五年歲次丙寅二月上浣穀旦

485-1. 建修土埝碑記（碑陽）

立石年代：清同治五年（1866 年）
原石尺寸：高 248 厘米，寬 70 厘米
石存地點：新鄉市長垣市孟崗鎮孟崗村東大堤

□□土埝碑記

　　□□□□□□蘭儀之銅瓦厢，由縣境板邱集直趨縣城，漫衍東明、開州，由山東張秋鎮串運入清達海，長垣一千八十餘村被淹八百有餘，百姓蕩析離居，不堪言狀。皇帝□□□□□於歲同治二年，河形自東明西移，由蘭通竹林以至舊城，復東折東明之坦邱集、茅茨莊、二賢祠，又北趨開州之沙堈堆、保安集、柳下屯、清河頭始入東境。河臣譚公廷襄有直隸開東長宜修土埝以□□□□東宜疏下流以殺河勢一疏，皇帝可其奏，交廷臣集議，并飭發兩省疆臣籌辦，此長垣築埝之所由也。三年前縣易君煥書修築紅沙口之埝,委員劉公秉琳又奉委查勘，有由奎文閣開工之議。客歲二月，長垣出缺，各憲以廣地方熟習，檄令權署，議准□□以工代賑銀兩，諭與首府費公學曾、候補府卞公寶書、恭公鈞、原委刘公秉琳會議試辦。承命之日，深以勞民動衆、任重才輇爲懼。且事屬創始，無所咨承，尤深棘手。顧以長民慘遭昏墊，皇上於國帑支絀時，不惜多金，爲民捍患。大憲迭籌巨款，不以廣爲不肖而委任不疑。若少存畏難之見，何以上酬恩遇，下衛民生？用是不避危險，驅車南下，過鄰邑滑縣之丁欒集，即約同該邑紳士共議接修，無不慨諾。下車後，迭次查勘，乃知奎文閣一片浮沙，無處取土。紅沙口新埝又爲大引河、陶北河諸水所刷，且有來源而無去路，易起爭端。又詢之老年河弁，以土埝并無料垛，衹可堵漫溢之水，而不能擋正溜，即丈許已爲足恃，乃擇於大車集西南，由明臣劉公大夏太行舊堤，先築迎水壩二十丈試工。其時祥工十五六堡，險工林立，正衝縣城，若僅修東面之埝，萬一祥工有變，而新埝亦成虛設。是以將帮辦祥工專修新埝，及堵禦漫水各情形披瀝上禀，各憲允其請，催令開工，又以時屆麥黃，各紳民求俟麥收後起修。廣俯順輿情，暫從緩辦。及委員前永年縣謝君恕、北岸縣丞張君慶奎、候補府經郭君東槐先後到長，而開州、東明之工已及垂成。議者咸謂：伏汛開工，恐有他虞，不如中止爲便。廣以工已勘定插標，藩憲唐公又迭發工項，忽作罷論，不免首鼠之譏。用再請於大府劉公并求轉商豫撫吳中丞，札敕滑縣接辦。悉荷俯從。始議定底寬六丈，高一丈，頂寬三丈三尺三寸，由大車集起，至梁寨東了墻。馬坊、董寨、王莊、周莊、信寨、香李、張卜寨、孟岡、王村、劉村、香亭、燕廟、張拱辰、石頭莊、大小蘇莊、鐵爐、王李二寨城、城隍廟、邵寨、三桑園等村，分段克日興工。序入三庚，亢旱非常，埝上浮塵數寸，廣乃虔禱於神，立沛甘霖尺餘。復慮淫潦爲災，轉爲求晴，刻即開霽，如是數次，有禱輒應。埝夫、硪工倍加踴躍，委員皆沐雨櫛風，任勞任怨。自前五月二十八日開工，至八月十九日住工，除撥歸撫恤銀兩外，連土方及加工加料、搶險等項，共用庫足三萬八千兩有奇，一律如式告竣。又與祥工相射之合陽舊堤，甚形單薄，亦擇要加修，以昭慎重，共計六十里有奇。復慮修防無人，難以持久，乃於緊要工段搭蓋土房十三處，雇覓本地安分貧民長川住守，責令栽柳護埝，每逢雨雪，遇有狼窩、水溝，即時補好。其埝外五尺之地，准其便植胡麻、豆苗，藉資津貼護持。至埝工所占民田及護埝之地，共計十頃零九十畝零六分一釐一毫七絲，糧銀三十五兩九錢六分四釐，均經詳請豁免，以免貽累閭閻。是役也，不由署內存項，不使書役經手，工項悉交錢典各店存放，由富紳傅君泰來、李君廷尊出保。而一切發項，盡係藩

庫紅封，歸工賑局紳士李君兆鑾、焦君時若專司出納。以故自始迄終，毫無閑言。此皆仰賴我皇上厚澤深仁，慈恩廣被，各大憲鴻猷碩畫，思慮精詳。而廣亦以區區愚誠，藉彼蒼之默祐，成萬難之要工。從此波浪不驚，飲和食德。萬家殘赤均沐聖天子生成之德於無窮矣。惟譚公摺內尚有滑縣接築一條，該縣若不興工，長邑下游仍不免倒漾之虞。前經吳中丞委員勘驗，如能一體接修，必可金甌鞏固，是又重望於賢鄰封之同舟共濟也。

賜進士出身前翰林院編修直隸候補道蕭縣段廣瀛雁洲甫篆額，欽加運同銜即補同知直隸州署大名府長垣縣知縣丁酉科拔貢修武王蘭廣香圃甫撰文，抵選知縣己未恩科舉人主講寡過書院延津李蔭棠芾南甫書丹。

教諭齊聯芳，署訓導王夢熊，把總六品銜刘坤，代理典史陳詩風。工賑總局首事理問銜候選未入李兆鑾、廩生焦時若，存項首事候選同知傅泰來，世襲雲騎尉生員李庭萼，幫辦局務千總銜武生薛製美同立。長垣楊元暉刊石。

同治五年歲次丙寅二月上浣穀旦。

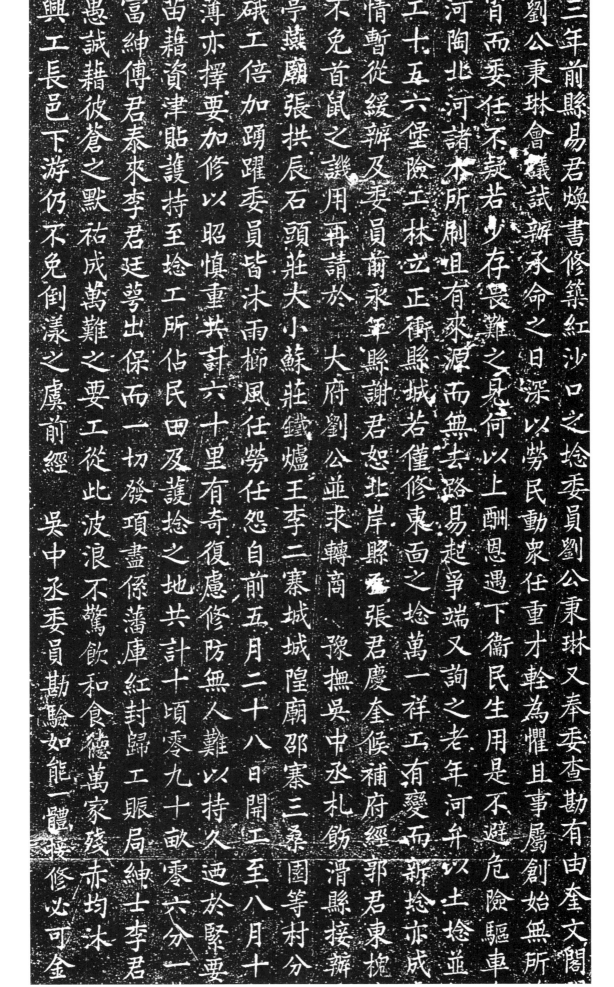

三年前縣易君煥書修築紅沙口之埝委員劉公秉琳又奉委查勘有由奎文閣

劉公秉琳會議試辦承命之日深以勞民動衆任重才輊為懼且事屬創始無所

肖而委任不疑若少存畏難之見何以上酬恩遇下衞民生用是不避危險驅車

河陶北河諸水所刷咀有來源而無去路易起爭端又詢之老年河弁以土埝並

工十五六堡險工林立正衞縣城若僅修東面之埝萬一祥工有變而新埝亦成

情暫從緩辦及委員前永軍縣謝君恕北岸縣丞張君慶奎候補府經郭君東槐

不免首鼠之譏用再請於大府劉公並求轉商豫撫吳中丞札飭滑縣接辦

亭燕廟張拱辰石頭莊大小蘇莊鐵爐王李二寨城城隍廟邵寨三桑園等村分

碌工倍加踴躍委員皆沐雨櫛風任勞任怨自前五月二十八日開工至八月十

薄亦擇要加修以昭慎重共計六十里有奇復慮修防無人難以持久迺於緊要

苗藉資津貼護持至埝工所佔民田及護埝之地共計十頃零九十畝零六分一

富紳傳君泰來李君廷聱出保而一切發項盡係藩庫紅封歸工賑局紳士李君

愚誠藉彼蒼之默祐成萬難之要工從此波浪不驚飲和食德萬家殘赤均沐

興工長邑下游仍不免倒漾之虞前經吳中丞委員勘驗如能一體接修必可金

《建修土埝碑記（碑陽）》拓片局部

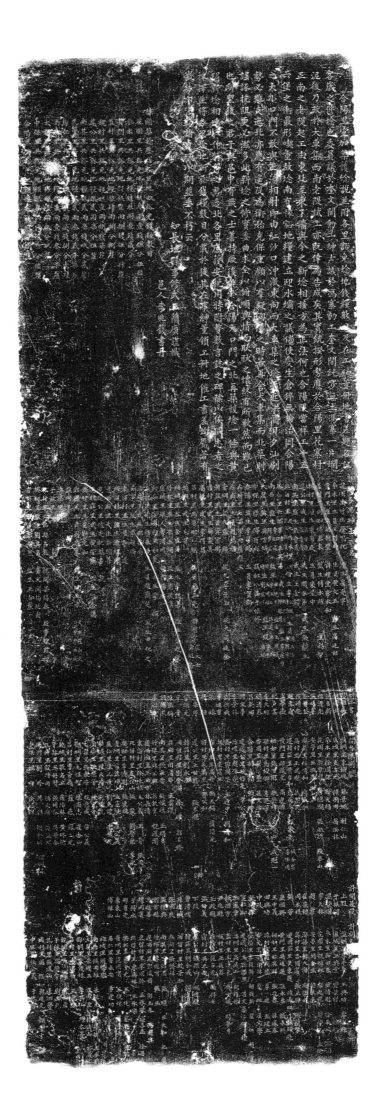

485-2. 建修土埝碑記（碑陰）

立石年代：清同治五年（1866 年）
原石尺寸：高 248 厘米，寬 70 厘米
石存地點：新鄉市長垣市孟崗鎮孟崗村東大堤

合陽里宜加築護埝説并附各里豁免埝地錢糧數目及在工紳董册地書差題名記

客歲之修埝也，委員議於奎文閣動工，紳士議於馮寨動工。奎文閣純沙無土，馮寨一片爛泥。後乃改於大車集西南老堤試工，亦既倖爲告成矣。其實統揆形勢，應於合陽里花寨村正南之老堤起工，由東北至東了墙，與今之新埝相接，方爲正法。何也？合陽堤當祥工十五六堡之衝，最形喫重。故埝南有豫豁地糧，建立迎水壩之議。倘使變生倉猝，無論治岡合陽之大小口門，不敢與正溜相射，即由紅沙口冲激東向，而大車集之埝逼近洪濤，日夕汕刷，勢必難支。迤北亦應有遥堤爲衛，始克保重。顧以群疑洶涌之時，若再舍大車集而北築，則謡诼抗阻，更必滋多。此新埝之修，實委曲求全以俯順輿情，而耿耿之懷終有所歉然而難已也。所望後之君子與邑中有識之士善持，厥後能於合陽大口門之北，再築護埝一條，與黃明新埝相連接，作犄角之勢，迤北各里庶獲安枕用。特附贅數言，誌之碑陰，以俟同志者之采擇，并將各里埝地所豁錢糧數目分載於後。其在事紳董領工册地，催工書差，均屬著有徵勞，亦皆勒諸貞珉，以期并垂不朽云。

知長垣縣事修武王蘭廣謹識，邑人李兆鑅書丹。

計開築埝壓活各里地畝豁免錢糧數目：

花園里共豁免地糧銀叁兩壹錢伍分伍釐，參木里共豁免地糧銀叁兩壹錢貳分，黃門里共豁免地糧銀壹兩捌錢伍分肆釐，蓋村里共豁免地糧銀肆兩捌分捌釐，魏村里共豁免地糧銀壹兩捌錢柒釐，遽公里共豁免地糧銀貳兩柒分伍釐，南其里共豁免地糧銀貳兩柒錢玖分貳釐，北留村里共豁免地糧銀貳兩叁錢貳分柒釐，居仁里共豁免地糧銀貳兩柒錢捌分壹釐，南岳里共豁免地糧銀貳兩壹錢叁分柒釐，大翟里共豁免地糧銀陸兩玖分玖釐，中保里共豁免地糧銀叁兩陸錢叁分陸釐，合陽里共豁免地糧銀壹錢玖分捌釐。

計開各里紳士姓名：

花園里增生徐鳴化、廩生崔光宇，參木里生員王得時、生員黃文玉、監生高廷相，黃門里監生胡朝璧、詩禮堂李永和，蓋村里同知傅泰來、監生傅永耀、董錫智，魏村里增生宋希啓、生員宋景中，遽公里武生梁百鈞、張履南、武生周永年、武生張蘭生，南其里監生張會武、武生王金鐸，北留村里從九馮承業、監生孫濱泗、俏生李公選、李秉金、生員馮三樂、李朝鼎，居仁里六品軍功王其昌、武生張文彥、陳聚魁、監生李建章，南岳里監生李韶成、侯步雲、監生田統書、梁玉山、監生王廣義、生員王烈，大翟里監生孫方域、附生王明禮、增生劉龍錫、監生段宗禮、段治邦，中保里廩生傅酉祥、議叙八品于慎修，合陽里監生李夢賜、生員李賀齡，在坊里七品軍功盧增玉，在厢里生員趙錫福，青堈里從九張銘、從九李子玉、從九司連登，韓莊里生員寧雲鵬，留村里武生薛製美，高村里武生李得昌，呂村里生員邢驤、生員馬三光、詩禮堂盧大士、袁遐齡，鮑固里武生毛貫一，褚城里監生金盛署、監生李根美、監生李起運，竹林里監生宋玉燭、監生劉廣漢，匡城里舉人曹渭川、從九楊□一，相如里齋奏廳王如茭、武生李恒，孫村里武生楊春曉、生員趙蘭芝、監生尹化之，治堈里武生邵宗禹，安亭里監生李超倫，東留村里生員許遂，西留村里監生

鄭理財，遷西厢里武生許繼善，遷遽公里把總呂毅，遷韓莊里武生黄芳蘭、監生呂金蘭，滿村里生員靳元和，鄧堈里生員刘宗泰、監生陳孟春、武生崔相文、詩禮堂李西成，盤堈里，海渠里，于林里，孔村里六品孫占杰、理問梁錫泰、啓事陳鳳祥，樊相里監生刘其昌、奎文閣楊廷材，杏桐里生員鄭然、監生王占鰲。

計開工書：翟維新、胡國士、刘自新、任清元、張延榮、徐貴登、任清魁、趙春嶺、單華嶽。

計開户書：李大經、刘清泰、呂新田、韓文亭、李景符、刘德成、李迪吉、張林、趙桓、周宗序、李繼元、李青、陳家駒、胡國杰、李心元。

計開各里册總：

盤堈里：李協瑞、蔡景純、胡仁山。匡城里：支占元、侯雨田、喬法林。參木里：徐國保、靳天福。花園里：郭華龍、何德潤、張振德、張華山。安亭里：王兆泰。海渠里：任清和、麻永和。高村里：王武魁、展崇光。遷韓莊里：黄自和、蔡長春、甄敬先、侯全忠、李法周。黄門里：邱鳳杰、高道源。相如里：張百魁、麗發祥、文青山、成魁一。孫村里：馬俊卿、李芝芳。杏園里：翟壘、崔文治。合陽里：胡良弼、張珣坤。遷遽公里：孫好友、常公義。治堈里：趙体榮。蓋村里：鄧朝宗、王連中、刘春和。魏村里：宋賓玉。在坊里：王高升、靳天錫、盧清元。留村里：毛萬里、賈公和。遽公里：王世爵、張步魁。韓莊里：刘永泰。西留村里：刘會海、徐璞、郭自修。在厢里：田清華、宋雲漢。南其里：張永貴、張懷瑾、王得木。竹林里：麻公興、彭欽重、倪鳳閣。遷西厢里：王西方、林長清。東留村里：徐生桂、毛公義、王奇、張雨亭。北留村里：李保山、張聚、刘警衆、李永昌。樊相里：李清魁、張連捷。青堈里：常君珍、孟憲純、崔公義。居仁里：陳三畏、刘克讓、宋龍光。褚成里：陳天清、刘從龍。南岳里：王德芳、陳元會。大翟里：張永安、段意成、苗公義。鄧堈里：毛保智、陳尚志、崔金山。呂村里：曹奇嶺、蘇森、蘇三元。鮑堈里：敬名立、崔清林、黄修德。于林里：王好賢、張同合、吳景合。孔村里：殷時雨、馮天禎、孫振邦。滿村里：刘珍、韓驥、頓會同、賈鳳來、殷性吾。中保里：姚祥、徐國祥。

計開差役：

上段：于振河、孫榮國、李天林、趙彦、崔榮標、周永禄、張芳、康國興、王中義、田興功。中段：張清林、夏仁和、王憲章、杜西方、尹兆魁、王殿魁、張好義。下段：曹清儒、孫連城、張國良、張復興、刘百魁、王進善、趙同賓、于得水、邢有先、李東山、傅林山。

計開□□地方：

盤堈里：李平安、王興功、李占魁。匡城里：王興業、霍景鳳。參木里：靳曰春、苗清魁、徐長桂、徐萬興、李成林。花園里：魏恒旺、郭起龍、薛學孔、王廷獻。安亭里：胡金生、樊東來。海渠里：韓大海、尚學成。高村里：呂國富、張玉興、張蘭芳。遷韓莊里：黄東嶺、侯希望、郜斌魁。黄門里：吳廷選、孫永泰、張永科。相如里：林其祥、張兆林、林鳳春。孫村里：趙成德、李連、張建立。杏元里：劉法林、蔡旺、崔文學。合陽里：李復新、胡復新、翟仁、趙一寬。遷遽公里：孫浩然、呂文藻、何標。治堈里：高清山、邵符林。蓋村里：王清元、傅文成、楊夢月。魏村里：王長泰。在坊里：范占元、楊得安。留村里：吳正起。遽公里：張振山、邢連捷。韓莊里：刘全成、刘東嶺。西留村里：殷景旺。在厢里：張發祥。南其里：王治國、張瑾、王天和、王庸。竹林里：李俊甫、張玉。遷西厢里：郭鳳舞、郭玉春、馮國興。東留村里：李國幹、孟承敬、孫喜孟、徐昌吉。北留村里：李興林、王承宗。樊相里：秦會元、王廷、蔡興同、陳興遠。青堈里：范國富、王悦林、□會祥。居仁里：曹永安、曹建功。褚域里：刘聚魁。南岳里：侯雨柱、宋能元、鄭守均、王永興。

大翟里：宋璞玉、段希聖、林清山、林義□。鄧堈里：李茂林、李其山、趙本善。吕村里：申得功、王元方。鮑堈里：吴瑞、黄金章。于林里：高蘭芳、刘三元。孔村里：張鳳山、逯泗學。滿村里：周銘、郭廷元、頓榮才。中保里：任公義、于天合。

清（三）

486. 修路橋碑記

立石年代：清同治五年（1866 年）
原石尺寸：高 52 厘米，寬 60 厘米
石存地點：焦作市沁陽市山王莊鎮萬善村湯帝廟

覃懷府北二十里萬善鎮爲古驛路，鎮南觀音堂後舊有石橋一架，南北商販往來於茲者，蓋踵相接矣。年來傾圮日甚，行旅不便，車敝馬蹶，往往而然。今有南社會首劉天和等，目擊心愴，不忍竟聽隤壞。因要集社衆，量力捐輸，得錢若干，爰買木植石校，聊爲補修，從前之傾圮者填即蕩平。工既竣，首事□等求記於余。余雖不文，然義不容辭。因即其事而聊誌其巔，以爲將來者勸焉。

本鎮戊午科舉人衛玉崑撰文，本鎮國子監太學生衛玉堂書丹。

外記：餘利錢文□，買□□□樹數千株栽種橋下左右，以備後日修橋費用。

執事會首：刘天興、于恒□、劉自清、叢玉聲、張龍長、劉清璉、劉清蘭、宋書懿、劉福元、宋三卿、刘合春、宋大義。

大清同治伍年仲春吉日。石師董廷義。同立。

清（三）

1193

487-1. 地字九十兩號永保公造灘地糧册碑記（碑陽）

立石年代：清同治五年（1866 年）
原石尺寸：高 155 厘米，寬 57 厘米
石存地點：焦作市溫縣祥雲鎮南賈村清凉寺

〔碑額〕：流傳百世

地字九十兩號永保公造灘地糧册碑記

温邑地濱大河，塌退無常，往往地被河占，數年不出，仍不免賠糧苦累。康熙年間，邑侯滑天彬念切民艱，詳請允改活糧，每年春月間，每號舉點公直兩名，携帶大册赴灘，查邊地存造糧，地塌豁免，士民方免賠糧之苦。但種地之户識字者少，且兼册費無資，盡係公直賠辦，是以人人怕充公直，賄囑號差代辦。自號差代辦之後，日加舞弊。地多之户，折收錢文，分毫不造。地少之户，無力包辦，每畝竟造至七八分不等。號差來粗去廣，閃歉官項，復又鱷詐包户，代伊補□。余等痛恨此弊，公同商議，置買灘地四畝，坐落在地字十一號九區，册名張法宗。此地公直輪流耕種，以爲每年册費之資，事無賠苦。能寫會算之人，自然不怕報充公直。至不識字之户，出過錢文，永不報充公直。未過錢文者，點充公直費用，不許取資此地。然恐年久失傳，議定章程及出錢之户，書勒諸石，以垂久遠云。

一議：每年舉報公直，由來俱是以陳報新一號，以報五名，官擇兩名造册。一議：舉報公直，凡係出過錢文之户，必須揀擇能以經營賬目之人，方許舉報。倘或誤舉，仍罰令本人代辦。一議：舉報公直一號，只許夾帶會外一人，官點不中不説，即令點中，會中有人挾掣，亦不能懷此公辦大事。一議：點中會外之人充應公直，倘係刁劣人，仍然串謀號差代辦，會中公直務必會同會中紳士、大户，預先稟官究處，化費錢文照地均派。一議：灘地四畝，九號公直分得二畝，十號公直分得二畝。倘若兩號點中會外，有人代費此錢文，此四畝地亦照所點公直人數均分，不許九、十兩號攪賴，亦不許會中之人別生議論。一議：每年點中會中公直，必於未造册前，邀請四村紳士、大户，在清凉寺公議。議妥各區造報分數，方許造報。若不請衆公議，即係私辦，罰裁所分地畝一半，以備公用。一議：公直造册，斷不許仿托號差辦理，倘或不遵，除罰裁所分地畝不許分得外，另行議罰。一議：造册繳册內外化費，俱係公直承辦。即所報會中點不中之人，亦有差人票喚路費，亦係點中公直承辦，不許攪賴。一議：造册不公，有人指明，除裁割地畝不許分得外，另行議罰。

一議：册上行户過多，不能無小病，實屬無心，不許妄議。一議：大數造小，小數造大，錢糧舛錯，□是公直自不小心，賠錢與會衆無干。一議：造册本公，倘有節外生枝，鱷詐公直，四村紳士、大户公同出頭，稟官究處，化費錢文照地均派。一議：河如流經九區，占壓此地，備年公直邀請紳士、大户再議册費。一議：會外公直倘遇奸險之人暗欲壞事，至來年舉報公直時，權在伊手，伊如舉報，會外人多點中，俱係會外之人，恐壞公辦大事，本年會中點不中之人，亦須會集會中紳士、大户，預先稟官處分，化費錢文亦在此地取資，此地亦係本年會中點不中人照管，費用有餘，照報舉人數均分。倘若不足，計算大户地畝分派。

總理會首儒學生員王鳳岐序略，邑庠生員張廉堂題額，儒童趙俾先書丹。

同治五年十二月衆會首立石。

487-2. 地字九十兩號永保公造灘地糧册碑記（碑陰）

立石年代：清同治五年（1866 年）
原石尺寸：高 155 厘米，寬 57 厘米
石存地點：焦作市溫縣祥雲鎮南賈村清凉寺

〔碑額〕：永垂不朽

南賈村會首：（以下人名及施財錢文漫漶不清，略而不録）

共收錢五十三仟四佰柒十八文，買地使錢四拾仟文。公直册費錢四仟文（係本年），買碑使錢四仟八佰文，雜項使錢一仟九佰八十六文。除稅契錢兩仟二佰六十文（折實錢兩仟文）。除使存錢四佰三十二文，立碑用完。

鐵筆申文献鎸。

清（三）

碑記

創修拜殿碑記

龍之為靈昭昭也吐氣為雲乘雲升天伏月月感震電澤光景雲
行雨施膏以甘霖德澤苗稿凡求必有應焉合南神祇常顯應
於此民非能報德神功賴有春祈秋報陳設之所也今社等議
安同心協力鳩五庇材創建拜殿塗澤金身不數月而厥功成焉
則廟貌有輝煌之像金身著燦爛之光功成勒石流芳以垂範世
不朽云爾

大清同治六年十二月初一日穀旦

488. 創修拜殿碑記

立石年代：清同治六年（1867 年）
原石尺寸：高 100 厘米，寬 50 厘米
石存地點：安陽市林州市任村鎮馬家岩沿河棧村龍王廟

〔碑額〕：碑記

創修拜殿碑記

龍之爲靈昭昭也，吐氣爲雲，乘雲升天，伏日月，感雷電，澤光景，雲行雨施，齊以甘霖，德澤苗稿，凡求必有應焉。合廟神祇常顯應於此民，非能報德神功，賴有春祈秋報陳設之所也哉。今社等議妥，同心協力，鳩工庀材，創建拜殿，塗澤金身，不數月而厥功成焉。則廟貌有輝煌之像，金身著燦爛之光。功成刻石流芳，以垂後世不朽云爾。

儒業刘玉和撰書。

兩折社首白順。買辦：芦學明、陳國生、卞的如。催工：張永喜、石見深。石慶□、芦學保、陳國顯。□鋪上下□村社施錢一千五百文。石貫，馬家岩村施錢六百文。白家庄村施錢六百文，柏樹庄村施錢三百文。東尖湛施錢三百文，楊作斌錢三百文，石昭成錢二百文，石慶生錢一百五十，石慶林錢二百文，石慶文錢二百文，石見台前三百文。石□德錢二百文，芦學又錢三百文，白興伏錢一百文，谷振安錢一百文，石見星錢四百文。

泥水匠楊正其錢一百五十文，金匠楊万合錢一百文，石匠馬三興。

大清同治六年十二月初一日穀旦。

489-1. 後元村重修橋梁布施碑（碑陽）

立石年代：清同治七年（1868年）
原石尺寸：高161厘米，寬53厘米
石存地點：洛陽市宜陽縣張塢鎮元村

後元村重修橋梁布施碑

邑西龍里之後元村，舊有善橋，以濟不通。□治初，盜灾遍海宇，畢河□民慮爲賊藉以爲患也，乃拆橋而集之木。比及賊至，怒從而焚之，而扛梁之資，遂至缺如。有□□張錫元者，曾興善念，力舉其廢。然僅至壹載，而庶費仍缺。於是兩歷寒暑，徒興之濟無從，病涉之患亦遂不免。既而本村有董君学亮、劉君鳳朝者，慨然興起，身任其事，乃同鄰鄉之實心于善者而筵囑之，衆咸樂從，共相募化。越兩歲而厥功告駿［竣］，所得鈔文悉□□物，以足橋費，徒扛興梁，一以時成，往來利濟，人無病涉。茲值樹石，乃謀序于余。余悦□利之有及於衆也，乃樂而爲之传，并不辭孤陋云。

業儒郅元衡撰并書。

首事人：董學亮施錢伍百文。劉鳳朝施錢叄百文。化主：胡瑞、胡文蔚、周文礼、高萬太、石富超，以上各一千。劉同文、趙廷榮、刘鳳鳴、衛自南，以上各伍百文。董聚金、關六庚、梁國賢、趙□成、蘆朝印、靳學典、趙永奇、常之昇、常之芳，以上各伍百文。王治平、全登科、全登文、全建濤、李魁富、徐占元、張士俊、關德明、關永乾，以上各五百文。王之朝錢四百。趙來庭錢三百。王道有、石蘊玉、姚義、常繼雷、賈嘗剑，以上各三百文。李景元、李中和、李文華、王孝元、余朝印、趙長礼，以上各二百文。趙□順、曹土谷、石永明、石玉印、張治興、張書聲、楊義山，以上各二百文。尚成俊一百文。楊萬川一百文。王岳村：施錢陸串文。福昌村：施錢三仟五百文。前元村：施錢叄串文。王顯倫錢五百文。王明吉錢四百。友子堂：錢八百。□扯捞：錢五百。王童章錢五百。李自清、李童娃、張百敬、李科子，以上各一百文。李永義錢一百五十文。李永慶、王吉青、沈富林、李永俊、沈□福、喬□雅、薰克令、李邦□、張百科、王萬選、刘明，以上各一百文。□百林、王吉昇、刘□午、王□林、王恒子、王吉盛、刘成、刘長順、刘長聚、王永章、王天魁、王吉行，以上各一百文。王吉盈、楊萬光、王金錫、王法天、王如泉、王自來、王自成、蘆光□、王命長、王發成、王則喜、王麥，以上各一百文。王春泰、李志官、王玉、崔君周、張九疇、王發興、崔如泰、崔君翚，以上各一百文。□法先錢一百文。車金□□百文。梁順□、梁□升、梁成正、王明倫、王显禹、王根太、王成娃、王显□、□書太、王□全、王显貴、楊張氏，以上各二百文。□□□、王明□、王明太、王同□、□新來、王萬盛，以上各三百文。王振娃、王明月各一百文。

大清同治柒年拾二月拾陸日立。

489-2. 後元村重修橋梁布施碑（碑陰）

立石年代：清同治七年（1868 年）
原石尺寸：高 161 厘米，寬 53 厘米
石存地點：洛陽市宜陽縣張塢鎮元村

〔碑額〕：皇清

□西元施錢貳千文，李永成施錢一千文，仝永坤施錢一千文，仝玉明施錢一千文。同盛號、張來富、徐庚金、徐長太、馬建邦、李天福、李天仁、壽官芦春海、芦瑞、高萬成、關克奇，以上各五百文。□占魁、李官元，以上各四百文。關保元、王永富、宋久太、王杰、壽民冀廷俊、芦百温、刘温全、馬朝法、王六心、□方、□朝仁，以上各三百文。石金琦、李九皋、胡殿順、李應和、賀魁元、王興雲、王中魁、賈雲州、趙玉同、張書香、姚海、張來旋、楊仁中、楊令中、楊居中、楊百成、楊萬成、楊刘□、靳文燦、賈逢太、賈建□、楚立中、賈改成、賈建和、□□讓、石玉書、□有益，以上各三百文。趙桃林、衛振海、衛致忠、刘鳳閣、衛東來、胡邦賢、李自法、馬永順、石□信、石永鳳、石如玉、石際太、石振山、常克仁……賈建全、石永合、王孟斗、趙永昌，以上各五百文。□之振、沈世珍、刘玉法、三興號、李合子、昌盛肉房、李覲光、李文華、李振甲、張九□、李進德、李永吉、關朝宗、張九春、王□、王占魁、王吉戴……刘之仁、張□奇、□和上，以上各二百文。石有彩、石有美、張書田，以上各二百五十文。王世金錢一百五十文。崔君奇錢二百文。陳庚金、陳長樂、仝庚己、徐占貞、□青□、靳文彪、常克捷、常克詔、常克鐸、常克壯、常之盛、常之茂、常之盛、常克明、常之令、常之倫、常克學、常克純、趙繼先、趙繼貴、常之青、常之仁、常之金、李玉升、石永亮、石永松、石有景、王世平、王占元、王文旋、王長茂，以上各二百文。石玉燭、石雲高、石云秀、王□盛、王青云、□司永、□雲彩、石玉秀、石玉奇、王朝林……伊平、刘金章、衛鐵垂、衛麦貴，以上各二百文。段□□、段光昇、刘永太、石根成、石振邦、石萬全、刘富俊、王治南、賈建心、趙來娃、賈四元、賈青雲……葉萬潤、葉萬祿，以上各二百文。靳萬□、王來、楊懷中、姚智、張來明、姚奴全、楊萬成、楊寬、張來中、冀廷和、李天禄、李天科、李木頭、冀同礼、冀恒業、芦百魁、李正元、李天福、李學礼、丁祥、李學德、李正祥、李學敬、李學庠、李春溪、張士堯、范大生、馬德昌、馬長府、李文化，以上各二百文。□學鉅、賈建義、賈建長、賈建都、賈建用、賈石林、賈對、賈建官、王永太、王心太、胡金全、胡建義、胡邦彦、胡根德、楊萬庫、王松山、靳萬合、句明礼、楊萬一、賈逢寅、靳孟相、李玉春、刘永貴、刘丙義、王萬相、王安明、李世德、段光成、陳至礼、刘克正、李金祥，以上各二百文。楊萬順、楊宝贵、張法成、賈元娃、賈成美、賈庚娃、賈福全、董行、趙四全、衛呼雷、董當、衛創、趙甲寅、趙來魁、趙平安、趙來德、趙來興、史光來、衛三白，以上各二百文。胡長平、董海、梁萬太、姚仁、姚金聚、楊萬香、段和上、陳苟娃、杜世仁、陳立彦、楊旺、張世太，以上各一百五十文。張□金、張治□、張治□、刘仁德、楊振坤、刘振南、胡玉潤、張書□、張書敬、張弘……姚興娃、姚長娃、張樂、姚法金、姚恨流、姚海璧、楊喜中、楊萬福、楊萬春、楊和、楊点、楊双全、楊石頭，以上各一百文。□秉陽、李奈、仝建京、仝春、靳富魁、刘胡闹、徐昌、尚學勤、靳印、靳萬杰、趙大智、趙運、靳富生、仝四備、袁官義、刘來光、馬全祥、趙玉連、趙天喜、許山成、陳德重、陳法元、關世臣、郭天祥、賀法才、趙德、胡明柱、趙山娃、尚元興、

趙永成、張根盛，以上各一百文。王显志、仝建正、仝建福、王显聚、賈學富、王興雨、姚闹、靳廷聚、靳天福、崔世鳳、靳點成、郭還香、胡書法、胡小德、胡海德、胡崑、胡芒種、胡玉振、胡敏、胡湛德、胡殿全、胡邦直、王清珍、楊百和、胡根聲、楊萬章、胡殿升、刘成德、陳尚□、胡連城，以上各一百文。王發義、崔萬壽、趙太林、張九義、李朝礼、崔萬榮、張水雞、李耀林、崔萬年、馬金宣、王鎮子、崔世位、崔鐵子、崔君朝、崔永山、崔丑子、崔昌子、王永樂、王永照、李長松、王世千、蘇合子、王春子、衛占敖、姚青云、石云山、楚歪子、□建修、王平、尚松山，以上各一百文。

《後元村重修橋梁布施碑（碑陰）》拓片局部

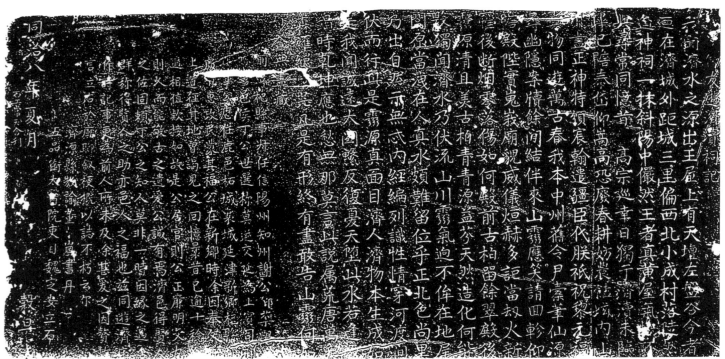

490. 偕友游濟瀆祠記

立石年代：清同治八年（1869年）
原石尺寸：高36厘米，寬72厘米
石存地點：濟源市濟瀆廟

偕友游濟瀆祠記

我聞濟水之源出王屋，上有天壇左盤谷，今者乃在濟城外，距城三里偏西北。小成村落陡然逢，神祠一抹斜陽中。儼然王者真黃屋，氣□不與尋常同。憶昔高宗巡幸日，獨于濟瀆未臨蹕。已瞻泰岱仰嵩高，恐廢春耕妨農饁。域內山川盡正神，特頒宸翰遣疆臣。代朕祇祝黎元福，與物同游萬古春。我本中州舊令尹，橐華仙源尋幽隱。案牘餘閒結伴來，山靈應笑請回軯。仰瞻殿陛實嵬峨，廟貌威儀烜赫多。詎當劫火新罹後，斷烟零落傷如何。殿前古柏留餘翠，殿後靈源清且美。古柏青青源益芬，天然造化何能毀。獨聞濟水乃伏流，山川靈氣迥不侔。在地尾閭原當泄，在人真水頗難留。位乎正北色尚黑，乃出自然示無忒。內經編列識性情，穿河渡澗伏而行。此是靈源真面目，濟人濟物本生成。如是我聞誠遠大，關繫反復憂天墮。此水若逢源竭時，乾坤應也愁無耶。莫言此說屬荒唐，萬象森羅總□茫。凡是有形終有盡，敢告山靈何如妙合無盡藏。

前署杞縣事升任信陽州知州謝公印棻，與署縣事邑侯丁公世選稱莫逆交，延爲上賓，司刑錢事。公歷任鹿邑、柘城、襄城、延津、新鄉、杞縣，到處有惠政，民蒙其福。公在新鄉時，余因奉文□上，道徑其地，曾謁見之。回憶曩昔，已逾十稔。今適相值款接如故，是公居官則公正廉明，交友則久而能敬。古之遺愛，公誠有焉。濟邑得賢人之佐，固賴丁公之知人，莫非一時因緣之遇合，群稱得賢人之助，亦邑人之福也。茲同游濟廟，作詩記事，更爲前人所未及，余甚愛之，因贅數言，立石於廟，聊叙梗概，以誌不朽云尔。

濟源縣教諭董嵐書丹，五品銜太醫院吏目魏定安立石。

同治八年夏月穀旦，石工常天合刊。

萬古流芳

重修龍王廟記

嘗考晉書石虎時正月至六月不雨佛圖澄詣滏口祠稽首漯露即日濃雲密布載有二白龍降於

祠下雨徧千里是知龍之為靈固貽也豹台村西舊有

白龍廟兩楹西臨虎寨北靠鳳崗周圍牆壞四壁層疊恩波浩蕩少旱而即降雨霖惠澤瀰漫有求

而隨施化雨潤麥滋禾物阜年豐神之力也己巳秋村人李鳳閣頓感靈詣合村泉募化重修

又有李秀奇增施廟基移北尺許高起磨臺廟貌神像煥然一新正峨冕儼儼俚辭後之久禱有應

者嗣而葺之可也

大清同治九年桃花月豹台邨建立

491. 重修龍王廟記

立石年代：清同治九年（1870 年）

原石尺寸：高 224 厘米，寬 82 厘米

石存地點：安陽市林州市任村鎮豹臺村白龍廟

〔碑額〕：萬古流芳

重修龍王廟記

　　嘗考《晋書》，石虎時正月至六月不雨，佛圖澄詣滏口祠稽首瀑露，即日濃雲密布，輒有二白龍降於祠下，雨遍千里。是知龍之為靈固昭昭也。豹台村西舊有白龍廟兩楹，西臨虎寨，北靠鳳岡，周圍繡壤，四壁層巒。恩波浩蕩，少旱而即降甘霖；惠澤瀰漫，有求而随施化雨。潤麥滋禾，物阜年豐，神之力也。己巳秋，村人李鳳閣頓感威靈，會合村衆，募化重修。又有李秀奇增施廟基，移北尺許，高起檐臺，廟貌、神像焕然一新。工峻，略為俚辭，後之人禱而應者，嗣而葺之可也。

　　邑庠生李生崑書，邑庠生岳清香撰，業儒李鳳樓書。

　　軍功保舉六品李鳳□施錢拾千文。

　　社首：六品李鳳閣。

　　買辦：監生李□家、李作楫、李三輔。攢錢：李兆年、李生唐、李周坤。監工：李化榮、李生金。催工：李秀魁、郭日魁。管搭木：李秀鳳、賈立禎、李三后。看搭木：李秀蒼、李三□。駝布施：李鳳壽、李鳳梧、李秀桐、李秀奇、監生李中朝、李江璠、李彭仔。

　　募化婦：李石氏子鳳昌、靳養氏子满堂、季閆氏子鳳梧、李元氏子鳳臺、李楊氏子三祝、李程氏子三旺、賈桑氏子振德、李桑氏子作梅、李彭氏子作楫、李王氏子作舟、李陳氏子三來、李谷氏子朝堂、李石氏子居台、李桑氏子保仔、王趙氏子太平、李岳氏子三昇、李岳氏子中義、李谷氏孫常明、李王氏子柏林、李程氏子鳳閣、李程氏侄印仔、李蘆氏子惟德、李蘆氏子步云、李王氏子周憲、李桑氏子中廷、李桑氏子周金、李程氏子朝玉、張李氏子云□、李胡氏子周邵、李李氏子鳳三、賈張氏子毛二、李李氏子黑松、李張氏子希福、李張氏子六仔、李岳氏子□太、李程氏、李郭氏子作屏、李桑氏子中正、李許氏子金泉、李閆氏子中玉、李王氏子福新、李王氏子生國、李岳氏子周花、李王氏子玉魁、李桑氏子鳳清、李趙氏子周奇、李桑氏子艮成、李靳氏子麟書、郭李氏子未仔、郭岳氏子岐鳴、李張氏子順成、李桑氏子生樓、李程氏子周德、李閆氏子二仔、賈粟氏子振清、賈石氏子振興、李張氏子三艮、李劉氏子三同、李彭氏子三玉、李桑氏子周計、李程氏子希珍、李桑氏子希禎、李王氏子三錫、石張氏子移山、石岳氏子楊成、李楊氏子分仔、李陳氏子生廣、李程氏子存仔、程岳氏子興仔、李陳氏子三珠、李彭氏子更成、李張氏子生芳、李楊氏子義仕、李郭氏子國成、李彭氏子三祥、常李氏子楊成。

　　厨役彭全青施大錢二百文，石匠許文和、桑文福、許金成施大錢四百文，木匠李三來、李秀邦施大錢四百文，泥水匠桑永合、桑文付、桑□法、桑步興施大錢壹千文，丹青李硯田、李生唐、王化西、王懷賓施大錢四百文，先生彭德昌施大錢二百文。

　　大清同治九年桃花月豹台村建立。

從來興利除害人皆知為善舉第知正亦徒知馬而已本
用之土置為閒曠之地既名邑地境要衝往來差務紛紜難
春合村公議築堰澆地以支羞費講邊立石為界溝中作為官
於而粟可積院無蠨土之悲後有行妻之資豈非興利除害之

村西凹被澇水沉溝一道五穀不登惟草生之
支老幼咸有報耕遂嘆利無由興害將焉除同
地施工無不悅懽未及一旬而功已告竣
一意也哉敢勒諸石以示不朽云

首 事 人
步 白 白 汴 王 侯 同
王 玉 中 王 王 寿 浴
帶 和 書 元 城 連 東
清 雲 施 林 桂
潤

生 理臨
周 邵 邵 白 品 員 生
文 王 王 長 王 潤 白
虎 甘 書 充 正 王
書 棠 魁 香 純 立 潤

山 澗 永 文 王 王 連 連 連 馬
立 源 寬 林 壁 珠 霄 玉
同 易 施 施 施 施
心 手 地 工 工 工 工

丙 丙 先 丙 王 加 玉 玉 白
合 申 進 辰 衡 科 化 壺 際
施 書 江 庚
工 施 立 施
工 施 碑 地

王 王 王 王 王 白 白 史 白 富 景 宗 全 玉 白
帶 美 成 亭 喜 福 名 定 祥 有 易 克 成 田 玉 際
子 元 揚 全 林 法 日
松 施 施 工 晃
工 村
全
石 工 雷 宣 揚

四 月 十 九 日 白 際 庚 施 立 碑 邑 全
同 治 九 年

492. 築堰淤地碑記

立石年代：清同治九年（1870 年）
原石尺寸：高 140 厘米，寬 65 厘米
石存地點：洛陽市新安縣鐵門鎮晁村

　　從來興利除害，人皆知爲善舉，第知而……舉，亦徒知焉而已。本村西凹被潦水流溝一道，五谷不登，惟草生之。是用之土，置爲閑曠之地也。況治邑地臨要衝，往來差務紛紜難支，老幼咸有輟耕之嘆。利無由興，害將焉除？同……春合村公議，築堰淤地，以支差費，溝邊立石爲界，溝中作爲官地。施地施工，無不悦從，未及三旬，而功已告竣，……淤而粟可積，既無曠土之悲，復有行差之資，豈非興利除害之一意也哉。故勒諸石，以示不朽云。

　　邑庠生員白尚德拜撰，邑儒生白潤清書丹。

　　首事人：白潤清施地一段。白步雲施地一段，工十四。白玉和施地一段，工十九。白書帶施地二段，工九個。白玉合施地一段，工十個。白興元施錢五千，工十三。生員白泮林施地六段，工一百廿八。白玉潤施地三段，工卅二，錢十千。白連城工廿二。白寿桂施工五個。生員白位東施工十八。白潤溶施地一段，工十九。白周文虎施地二段，工六個。布政理問邵玉書施地二段。監生邵甘棠施地三段。白玉魁施地二段，工八個。白潤通施地一段，工十七。白長元施地二段，工廿六。白書香施地二段，工八個。監生白際庚施地四段，工十個。白玉純施地一段，工五個。白正立施地二段，工廿六。白玉良施地二段，工三個。九品白潤口施地一段。白永寬施地二段，工三個。白潤源施地三段。白山立施地一段。白同心施地二段。白群子施地一段，工九個。白周易施地一段。白文林施工三個。白玉閣施工十個。白玉璧施工九個。白連珠施工九個。白連霄施工三個。白連玉施工七個。白玉衡施工三個。白丙辰施工三個。白先進施工三個。白丙合施工五個。白丙申施工五個。白慶元施工五個。白玉江施工十三。白化南施工三個。白玉壺施工八個。白書閣施工三個。白加科施工二個。白富有施工十二。白拴雲施工三個。監生白潤淙施工十九。白皙施工三個。白玉環施工三個。白末子施工三個。白玉法施工二十。白玉田施工十個。白玉印施工六個。白全成施工五個。白宗堯施工二十。白學易施工廿八。白景易施工六個。白祥林、孫保全、孫定子、史萬福、白名揚、白福元、白文松、白喜子、白玉亭、白廣成、白玉美、白玉帶施工……

　　白際庚施立碑地一區。石工：雷宣揚。

　　同治九年四月十七日晁村同口。

493. 古洛渠第十七閘恪遵本渠定章碑誌

立石年代：清同治九年（1870 年）
原石尺寸：高 44 厘米，寬 70 厘米
石存地點：洛陽市洛龍區李樓鎮五郎廟村

古洛渠第十七閘恪遵本渠定章碑誌

古洛渠爲各境之首渠，備旱澇而濟民瘼。蒙前憲諸大人立定成章，列石設立分憲署內，以覺後人。凡廢弛之由，委因渠長不得其人，狥私紊定成章，屢經廢弛。自同治三年間，蒙府憲厲大人鑒查該渠定成章，諭令合渠各閘大二杴户以及紳耆重新整理，不日成之。水利始得安享，合渠無不感激。復蒙諭定，大渠每年灌澆之際，按反復輪流爲序，以及逢派項平工之期，着該閘小甲預粘期貼，臨期沿村鳴鑼，邀同合渠杴户至河神廟公所，清算推派。迨後各閘粘據清單，衆杴户照單歸楚，永杜弊竇之叢生也。至本閘每杴多出工食千升，催覓水夫一名，因閘口相距遙遠等，逢灌澆之期，晝夜守閘看水。水至本閘應該小甲，承領傳杴户，以照大渠之規輪澆，免致爭霸之弊。本閘工項花費攤派之期，必須同合閘杴户皆至本閘關帝廟內，注清推派。嗣後倘有不遵者，合閘杴户公同稟請分憲核奪更換，庶幾渠事長興而水利久享矣。因緒詞列誌，勒諸貞珉，永垂不朽云。

合閘杴户同建。
同治九年八月二十日穀旦立石。

 清（三）

濬惠濟河碑記

河南之省會曰開封府治背河而城內窪外元自明以來歲以積潦為患歷久益甚至不可居同治七年十月濬惠濟故河導城中之水出東南水門入於會濟歷陳留杞縣雎州柘城至鹿邑而與渦水合凡長五萬五千三百四十餘丈深丈有五尺至八尺廣十二丈至八大舉功於十月六日訖功於次年三月六日用帑白金四萬二千三百七十九兩有奇積水大出人安其居自省東達松鹿邑旱潦之災濬焉先是乾隆初前撫軍長白雅公始闢惠濟河以洩城中之潦後後時通時塞道光二十一年河決黑岡經城之西北隅而東汎溢於陳杞雎柘之境惠濟故河遂埋閼一年水退沙留傅城之地盆高較城內街衢高至七尺有奇歲之雨皆留不出積三十年塘濼皆滿水出地上壞官私廬舍以千計節屋小民秉家露處飢凍啼呼衙署至榱舟出入城中稍高之地潦潤上徹皆成為國望之結然任拍一地掘之一尺之下水隨錨出駭有陸沈之懼同治四五六年濬渠庠水功屢不成議者以下流之地為河沙兩澱而高疏鑿無益惟遷城於許為便當是時予方督豫軍興楚皖諸帥合勦流賊張總愚於直隸不暇省視內地七年六月殲張總愚於博平八月自大名府振旅迴省議兩以除昏墊而真城邑者或猶以下流地高為疑予惟惠濟河直省垣之東黃河雖潰隄東下其性善曲時南時北沙之兩傳不必皆與惠濟河之所行相值地

494-1. 浚惠濟河碑記（一）

立石年代：清同治九年（1870 年）

原石尺寸：高 128 厘米，寬 36 厘米

石存地點：開封市禹王臺

浚惠濟河碑記

河南之省會曰開封，府治背河而城，内窪外亢。自明以来，歲以積潦爲患，歷久益甚，至不可居。同治七年十月，浚惠濟故河，導城中之水出東南水門，入於惠濟。歷陳留、杞縣、睢州、柘城、至鹿邑，而與渦水合。凡長五萬五千三百四十餘丈，深丈有五尺至八尺，廣十二丈至八丈。肇功於十月六日，訖功於次年三月六日。用帑白金四萬二千三百七十九兩有奇。積水大出，人安其居。自省東達於鹿邑，旱潦之災澹焉。先是乾隆初，前撫軍長白雅公始闢惠濟河，以泄城中之潦。其後，時通時塞。

道光二十一年，河決黑岡，經城址西北隅而東，泛濫於陳、杞、柘之境，惠濟故河遂堙。閱一年，水退沙留，傅城之地益高，較城内街衢高至七尺有奇。歲歲之雨，皆留不出。積三十年，塘濼皆滿。水出地上，壞官私廬舍以千計。蔀屋小民弃家露處，飢凍啼呼。衙署至棹舟出入。城中稍高之地，湊潤上徹，皆成舄鹵，望之皓然。任指一地，掘之一尺之下，水隨鍤出，駸駸有陸沈之懼。同治四、五、六年，浚渠戽水，功屢不成。議者以下流之地爲河沙所澱而高，疏鑿無益，惟遷城於許爲便。

當是時，予方督豫軍，與楚、皖諸帥合剿流賊張總愚於直隸，不暇省視内地。七年六月，殲張總愚於博平。八月，自大名府振旅回省，議所以除昏墊而奠城邑者，或猶以下流地高爲疑。予惟惠濟河直省垣之東，黄河雖潰堤東下，其性善曲，時南時北，沙之所停，不必與惠濟河之所行相值。地（接下石）

清（三）

1215

勢西高東下今因故河去壅寒甚
高下注歸宿於馮宜必可治于是
詢公所遣傔屬籌經費遣員四出
審視果惟杞睢及省東二十五里
之地為高其餘皆如平地可以逮
其就下之性乃決策興工自附郭
至祥符縣東界之太平岡發官帑
以治下此則資諸民力時出官錢
以獎勸之冬寒就功冰凌在地沙
淤壅塞掘放隨長歷五月而功始
訖啟牖放水疾如飛瀑喧匽之聲
遠近自是至五月之半晝夜流
渾不息閱七十餘月流始漸止
積年之恐一旦輸盡下潴之民日
見濁流踵至魚鼈皆來水面咄
出稱怪莫知其由水於隄重城中
牆壁水痕高者至丈餘去汙就燥人還其家私廬舍
凡成城內暗溝村三渠益暢出是
年夏大水自荀以西以南皆苦潦
而省城及省東五州縣晏然·後
知下流之果未嘗高也銘曰
濱河之邑其地多沙乘風而飛麥
於皐窪開鑿何易必常中坑坎填雲塞置港
治之乃底厥屯荀無淫潦曷抵水門肉海支港
外瀦經流散告後人無
同治庚午冬月撫豫使者三韓
李鶴年記并書

494-2. 浚惠濟河碑記（二）

立石年代：清同治九年（1870年）
原石尺寸：高128厘米，寬36厘米
石存地點：開封市禹王台

（接上石）勢西高東下，今因故河去壅塞，乘高下注，歸之於渦，宜必可治。于是，設公所，遴僚屬，籌經費，遣員四出審視。果惟杞、睢及省東二十五里之地爲高，其餘皆如平地，可以遂其就下之性，乃決策興工。自附郭至祥符縣東界之太平岡，發官帑以治。下此，則資諸民力，時出官錢，以獎勸之。冬寒就功，冰凌在地，沙淤壅塞，隨掘隨長，歷五月而功始訖。啟閘放水，疾如飛瀑，喧豗之聲徹遠近。自是至五月之半，晝夜流渾渾不息，閱七十餘日，流始漸止。積年之惡，一旦輸盡。下游之民，日見濁流踵至，魚鱉皆漂浮水面，咄咄稱怪，莫知其由。水既退，量城中牆壁水痕，高者至丈，低者猶四尺餘。去污就燥，人還其家，官私廬舍已圮者新之，存者塗治之。街衢之水，皆返塘澮，官民歡忭歌舞，道路相慶，遷城之議永息。明年冬，益治支渠，引小池之水入於大塘，內甓外石，縣絡縱橫。又明年，益增爲之。凡成城內暗溝者三，水益暢出。是年夏，大水，自省以西、以南，皆苦潦，而省城及省東五州縣晏然，然後知下流之果未嘗高也。

銘曰：

濱河之邑，其地多沙。乘風而飛，委於卑窪。開鑿何難，填閼何易。必常治之，乃底厥積。城中坑坎，棋置雲屯。苟無洫澮，曷抵水門。內增支港，外浚涇流。敢告後人，無廢歲修。

同治庚午冬月撫豫使者三韓李鶴年記并書。

勅封管理河帥楊將軍祠碑記

聖

自古神聖生前多興没後多靈　温西六十五里小嶝非
楊將軍者行四因薛為其曾祖諱整洪武七年自山西渡
髙岑項闔鼓樂群出視見旌旗五色衆擁一童子坐拜謁如
生時永樂元年六月初六日也稍長嬉戲好在水旁畫地為
十二年黄水暴漲村前成渡口祖及父造舟渡人水交取値六
不應怒呼之若回我天上見今午當往應衆遠入水交笑之
仲手若龍狀順流而游衆歸整衣甸哭曰是子神異非吾

異因立廟省像祀之及我
康熙十二年甫秉吳遂屢題靈感　晉封雄東侯總理江湖
廟享矣企沿任即闌其署逆邑人王公印　知雲南寶宣
波頻息鍤差旋里出賢重新廟貌爾奉　河督憲栗頤家
將軍裔孫恩貢生卯碾為文字文因公來謁呈其家乘言
記首道光二十一年也

進士出身同知衔丁酉科河南鄉試同考官即用温縣正堂

同治九年嘉平月吉日

合族公立

督工首

495. 敕封管理河神楊將軍祠碑記

立石年代：清同治九年（1870 年）
原石尺寸：高 86 厘米，寬 63 厘米
石存地點：焦作市溫縣招賢鄉安樂寨村

敕封管理河神楊將軍祠碑記

　　自古神聖生前多异，没後多靈。溫西二十五里小營村有前……楊將軍者，行四，因諱焉。其曾祖諱整，洪武七年，自山西洪洞……言，少頃聞鼓樂聲出，視見旌旗五色，衆擁一童子至，拜謁如……生時永樂元年六月初六日也。稍長，嬉戲好在水旁，畫地爲……十二年，黄水暴漲，村前成渡口，祖及父造舟渡人，不取值。六……不應，怒呼之。答曰：我天上兒，今午當往應詔。遂入水。父哭之……伸手若龍狀，順流而逝。衆歸整，翁戒勿哭，曰：是子神异，非吾……异，因立廟肖像祀之。及我聖朝康熙十二年，南平吳遂屢顯靈應，晋封鎮東侯，總理江湖……廟享矣。余莅任，即聞其略。適逢邑人王公印銑知雲南寶寧……波頓息，銷差旋里，出資重新廟貌。余奉河督憲栗官篆毓……將軍裔孫恩貢生印碾爲文字交，因公來謁，呈其家乘，言……記，時道光二十一年也。

　　賜進士出身同知衘丁酉科河南鄉試同考官即用溫縣正堂……

　　督工首……

　　龍飛同治九年嘉平月吉日，合族同立。

清（三）

1219